Richtig mulchen!

Materialien, Anwendung, Wirkung

Stocker

Umschlaggestaltung: Werbeagentur Rypka GmbH, 8143 Dobl/Graz, www.rypka.at

Bildnachweis: S. 52: J.-M. Groult/Biosphoto; S. 53: A. Coulombel
Alle übrigen Fotos (inkl. Covervorder- und -rückseite) von Jean-Jacques Raynal

Titel der französischen Originalausgabe: Blaise Leclerc: Je paille mes cultures. Moins d'arrossage, moins d'herbes indésirables, des légumes tout propres ! © by Terre vivante, Mens/France 2013

Aus dem Französischen ins Deutsche übertragen von Petra Westphal

Bibliografische Information der Deutschen Nationalbibliothek
Die Deutsche Nationalbibliothek verzeichnet diese Publikation in der Deutschen Nationalbibliografie; detaillierte bibliografische Daten sind im Internet über http://dnb.d-nb.de abrufbar.

Hinweis: Dieses Buch wurde auf chlorfrei gebleichtem Papier gedruckt. Die zum Schutz vor Verschmutzung verwendete Einschweißfolie ist aus Polyethylen chlor- und schwefelfrei hergestellt. Diese umweltfreundliche Folie verhält sich grundwasserneutral, ist voll recyclingfähig und verbrennt in Müllverbrennungsanlagen völlig ungiftig.

Auf Wunsch senden wir Ihnen gerne kostenlos unser Verlagsverzeichnis zu:
Leopold Stocker Verlag GmbH
Hofgasse 5/Postfach 438, A-8011 Graz
Tel.: +43 (0)316/82 16 36, Fax: +43 (0)316/83 56 12
E-Mail: stocker-verlag@stocker-verlag.com, www.stocker-verlag.com

ISBN 978-3-7020-1586-2

Layout und Repro: Werbeagentur Rypka GmbH, 8143 Dobl/Graz, www.rypka.at
Druck: Gorenjski tisk, Kranj, Slowenien

FSC www.fsc.org
MIX
Papier aus verantwortungsvollen Quellen
FSC® C057358

BioGarten PRAXIS

Richtig mulchen!

Materialien, Anwendung, Wirkung

Text
Blaise Leclerc

Fotografien
Jean-Jacques Raynal

Inhalt

Die mit * markierten Wörter werden im Glossar auf Seite 90 erläutert.

Einleitung

Mulchen hat hauptsächlich den Zweck, dem Boden Schutz zu geben. Es kann mit den verschiedensten Materialien erfolgen – ob sie aus dem Garten stammen oder nicht. Wir alle haben wohl schon gemulchten Boden gesehen: in unseren Wäldern, wo sich die Streuschicht* aus Blättern allmählich in Humus* umwandelt. Mulchen in unserem eigenen Garten, das bedeutet zunächst, diese ursprüngliche Streuschicht wiederherzustellen, aber das ist noch längst nicht alles.

Die vielen Vorteile des Mulchens

Die Bodenoberfläche zu schützen bringt zahlreiche Vorteile mit sich, die man sich zunächst gar nicht vor Augen führt. Beim Wort Mulchen denkt man natürlich oft an Wasserersparnis oder an „Un"krautbekämpfung. Weiter weiß man eigentlich nicht so recht ... Mulchen bedeutet aber wesentlich mehr. Es baut ganz einfach ein anderes, wesentlich reichhaltigeres Ökosystem in Ihrem Garten auf, in dem sich Ihre Pflanzen wohler fühlen: weniger Krankheiten, weniger Schädlinge, erhöhte Qualität bei der Ernte.

Garantiert ein Zeitgewinn

Beim raschen Durchblättern dieses Buches sehen Sie, dass ich ständig damit beschäftigt bin, den Boden zu bedecken. Und Sie werden sich fragen: „Ist das denn sinnvoll, so viel Zeit mit Mulchen zu verbringen?" Ja, allerdings! Denn Sie sparen damit enorm viel Zeit. Hier einige grob gerechnete Zahlen zur Zeitersparnis bei den anderen Aufgaben im Garten:

- ca. 50 % Zeitersparnis beim Gießen, denn mit Mulch braucht man nur noch halb so oft gießen;
- 80 % beim Beikrautjäten, denn die meisten Beikräuter werden unterdrückt;
- mind. 25 % bei der Krankheits- und Schädlingsbekämpfung;
- 80 % beim Reinigen des Gemüses;
- 20 bis 50 % bei der Bodenbearbeitung, je nach Beschaffenheit des Bodens.

Insgesamt sind die wenigen Stunden, die Sie mit dem Sammeln des Mulchs und mit dem Bedecken der Pflanzen verbringen, keinesfalls verlorene Zeit, denn bei den anderen Tätigkeiten im Garten gewinnen Sie viel Zeit!

Mulchen ist auch entspannend und unterhaltsam

Außerdem ist das Mulchen keine langweilige oder eintönige Beschäftigung. Es entspannt, regt die Fantasie an und öffnet den Garten in gewissem Sinne nach außen, weil man ja effiziente, originelle und preisgünstige Materialien sucht. Es kann zu einem Erlebnis werden: mit der Familie, mit Freunden oder auch für einen Gärtner ganz allein. Mit diesem Buch werden Sie mehr und anders mulchen und Ihren Garten auf eine neue Weise erleben.

Warum Mulchen sich lohnt

Warum überhaupt mulchen?
- Wasser sparen
- Weniger unerwünschtes Beikraut
- Kulturpflanzen vor Krankheiten schützen
- Kulturpflanzen vor Schädlingen schützen
- Den Boden schützen
- Die Lebewesen im Boden mit Nahrung versorgen

Warum überhaupt mulchen?

Auf diese einfache Frage gibt es mehrere Antworten. Das Mulchen hat nämlich auch mehrere meist komplementäre Aufgaben. Im Sommer zum Beispiel überwiegt die Rolle des Wassersparens, als Zusatzeffekt haben Sie aber auch weniger Beikraut* und Ihr Gemüse ist stets sauberer, als wenn es direkt auf der Erde liegen würde.

Die verschiedenen Aufgaben des Mulchens			
Aufgabe	**Wie wirkt es?**	**Für welche Pflanzen?**	**Mulchmaterial**
Wasser sparen (S. 12)	begrenzt die Wasserverdunstung an der Oberfläche	für alle Sommerkulturen, insbesondere Tomaten	dicke Schicht Stroh oder Heu (20 cm)
unerwünschtes Beikraut begrenzen (S. 18)	verhindert das Keimen von unerwünschtem Beikraut durch Lichtmangel	für die meisten Gemüsearten, aber auch für Blumenbeete	je nach Gartenbereich; je gröber, desto wirksamer; Rinde oder Holzhäcksel für die Alleen und in den Blumenbeeten (20 cm)
Krankheiten vermeiden (S. 23)	sorgt für eine trockene Umgebung rund um das Gemüse und begrenzt die Ausbreitung von krankheitserregenden Pilzsporen	für Kulturen, die anfällig sind für Pilze wie Mehltau: z. B. Nachtschattengewächse (Kartoffeln, Tomaten, Auberginen)	dicke Schicht Stroh oder Heu (Schutz und gleichzeitig Wasserersparnis) (20 cm)
Schädlinge fernhalten (S. 26)	sorgt für ein Ökosystem, das günstige Bedingungen für die natürlichen Feinde einiger Schädlinge schafft	für alle Kulturen; unter dem Mulch können sich zahlreiche natürliche Feinde von Schädlingen einnisten, z. B. Laufkäfer, die sich von Schneckeneiern ernähren	alle Arten von Mulch; den ganzen Winter bedeckt lassen (10–20 cm)
Gemüse sauber ernten	das Gemüse liegt sauber auf dem Mulch, ohne Erde	für jedes Fruchtgemüse: Zucchini, Patisson-Kürbisse, Gurken, Melonen, Tomaten (die ersten Bündel), Erdbeeren	alle Arten von Mulch (10 cm)
Bodenoberfläche schützen (S. 30)	verhindert Überhitzung: sorgt für milde Temperaturen und konstante Feuchtigkeit an der Oberfläche, was sich günstig auf die Mikroorganismen im Boden auswirkt	für alle Sommerkulturen	Stroh ist ideal: bringt Schatten und dämmt das Austrocknen ein; gute Durchlüftung (10–20 cm)
Regenwürmer ernähren (S. 34)	feines Mulchmaterial wird von den Regenwürmern, den so wertvollen „Bodeningenieuren", verspeist	im Frühling, Herbst und Winter in Regionen mit mildem Klima, zwischen den Salatpflanzen und auf den Erdstreifen zwischen zwei Aussaatreihen	dünne Schicht frischer Grasschnitt (2 cm)

Definition
Als Mulchen bezeichnet man das Bedecken des Bodens mit unverrotteten organischen Materialien (Mulch; vom englischen Wort *mulch* entlehnt) zur Förderung der Bodengare. Ein garer Boden ist krümelig*, reich an Humus* und durch intensive Tätigkeit von Bodenlebewesen gekennzeichnet.

Mulchen spart Wasser ...

... sorgt für sauberes Gemüse ...

... und hält so manche Schädlinge fern!

Wasser sparen

Der wichtigste Grund zum Mulchen ist die Wasserersparnis. Das ist natürlich in den meisten Regionen im Sommer von Bedeutung, allerdings kann Wassersparen auch schon im Frühjahr erforderlich sein, vor allem in südlicheren Gegenden.

Wasser kommt vom Himmel und kehrt gern wieder dorthin zurück

Jeder kennt den Wasserkreislauf und hat das klassische Schema vor Augen: Auf der einen Seite ein Berg, auf der anderen das Meer und das Wasser, das von den Bergen ins Meer hinabfließt, verdunstet und sich als Wölkchen wieder am Berg abregnet. Der Kreis ist geschlossen, das Wassertröpfchen hat alle Etappen durchlaufen. Im Sommer funktioniert dieses etwas idyllische Schema nicht unbedingt genauso. Das Tröpfchen, das auf den Boden fällt oder über ein Bewässerungssystem in Ihrem Garten ankommt, hat nur eins im Sinn: schnell wieder in den Himmel zu kommen, und die Etappen Bach, Flüsschen und Fluss zu überspringen. Kurz gesagt: Es hat kaum Chancen, ins Meer zu gelangen.

Evaporation und Evapotranspiration

Sobald die Lufttemperatur höher ist als die Bodentemperatur, verdunstet das Wasser.
Die Verdunstung wird begünstigt durch:

- die Größe der Oberfläche (je größer, desto mehr Wasser verdunstet);
- den Wind;
- die Wärme;
- den Feuchtigkeitsgehalt der Luft: je trockener die Luft, desto mehr Verdunstung.

Die Evapotranspiration* ist die auf eine Fläche bezogene Summe aus der Evaporation (Verdunstung) des unbewachsenen Bodens und der Transpiration* über die Pflanzen, die diese Fläche bedecken. Die Pflanzen scheiden Wasser aus: Sie verbrauchen natürlich Wasser für die Entwicklung der Stängel, Blätter und Früchte, aber auch für ihre Transpiration. Hier handelt es sich um Wasser, das die Pflanze auf schnellstem Wege durchquert: Es tritt über die Wurzeln ein, durchquert die Pflanze als aufsteigender Pflanzensaft und verdunstet dann über die Stomata* auf der Blattunterseite.

Mulchen vermindert die Evapotranspiration im Garten

Auf zwei gleich großen Flächen – eine bewachsen, eine unbewachsen – ist die Evapotranspiration immer höher als die Evaporation, das heißt, ein mit Vegetation bedeckter Boden (mit Bäumen, Rasen oder Gemüse) entlässt mehr Wasserdampf in die Atmosphäre als die gleich große Fläche eines unbewachsenen Bodens. Auch wenn die Bodenoberfläche beschattet ist, geht mehr Wasser verloren, was nur logisch ist, denn die Wurzeln holen das Wasser aus der Tiefe. In diesem Sinne schützt Mulchen nicht nur die Bodenoberfläche, sondern spart auch Wasser, da das Entstehen von Beikraut stark begrenzt wird. Denn je weniger Beikraut zwischen dem Gemüse wächst, desto weniger Evapotranspiration erfolgt.

Ein gemulchter Garten: weniger Verdunstung im Sommer

Mulchen oder Hacken?

Hacken reduziert den Wasserverlust durch Evaporation und ist eine ideale Ergänzung zum Mulchen. Die alte Gärtnerweisheit „Einmal hacken spart dreimal gießen" trifft es genau. Sie beruht auf der Tatsache, dass das Wasser, das aus der Bodenoberfläche in Form von Wasserdampf austritt, das ganz tief im Boden gespeicherte Wasser an die Oberfläche bringt. Es existiert eine aufsteigende Bewegung, die dem Boden zu viel Wasser entzieht, wenn sie nicht unterbrochen oder zumindest gebremst wird. Das Hacken unterbricht diese aufsteigende Bewegung: Wenn auch die gehackte Oberfläche schneller abtrocknet (was sich durch anschließendes Mulchen stark bremsen lässt), bleibt doch der Boden in der Tiefe viel länger feucht. Natürlich kann ein gemulchter Boden nicht mehr gehackt werden. Das Hacken muss vorher erfolgen, denn nur so wird das Mulchen noch wirkungsvoller. Vor allem im Frühling ist Hacken und anschließendes Mulchen das beste Mittel, um die im Winter angesammelten Wasservorräte möglichst lange tief im Boden zu belassen.

Überhitzter Boden im Sommer
Im Sommer kann die Bodentemperatur auf 50 °C klettern. Bei einer solchen Temperatur verdunsten täglich mehrere Liter Wasser pro Quadratmeter in die Atmosphäre!

Erst hacken, dann mulchen: So halten die Wasservorräte länger an

Wasser im Boden halten, ohne den Luft-Gas-Austausch zu unterbinden

Wasser im Boden zu halten, ist zwar einer der wichtigsten Gründe für das Mulchen, man muss jedoch auch darauf achten, dass der Gasaustausch zwischen Boden und Atmosphäre korrekt stattfindet. Die Wurzeln und alle Bodenlebewesen benötigen Sauerstoff zum Atmen: Dieser kommt aus der Atmosphäre; ebenso muss das von den Wurzeln und Lebewesen im Boden produzierte Kohlendioxid austreten können. Die Luft muss also an der Schnittstelle zwischen Boden und Atmosphäre richtig zirkulieren können.

Vorsicht bei Krustenbildung

Die Mulchschicht muss folglich immer luftdurchlässig sein. Bei pflanzlichem Mulchmaterial sollten Struktur und Feuchtigkeit überwacht werden. Frischer Grasschnitt, der nicht angetrocknet und zu dick ausgebracht wird, kann sich leicht in eine schwärzliche Kruste verwandeln – nicht unbedingt dick, aber sehr kompakt –, die die Luftzirkulation wesentlich behindert. Mulchschichten aus trockenem Gras sollten auch regelmäßig überprüft werden: Sie können sich verdichten, vor allem nach einer längeren Regenperiode. Sehen Sie ruhig einige Wochen nach dem Ausbringen nach, wie es unter dem Mulch aussieht.

Stroh ist ideal für die Durchlüftung

Stroh ist das Material mit der besten Durchlüftung, denn die Luft hat zwei mögliche Zirkulationswege: zwischen den Halmen, besonders bei langen Halmen, und im Inneren der Halme, da diese ja hohl sind. Sie können also unbesorgt eine dicke Schicht Stroh auflegen – etwa 20 cm –, ohne befürchten zu müssen, dass der Gasaustausch zwischen Luft und Boden gehemmt wird.

Stroh sorgt für sehr gute Durchlüftung am Fuß der Pflanze

Gießen und Mulchen

Das Mulchen verlangsamt zwar die Evaporation, unterbindet sie jedoch nicht vollständig. Dazu kommt noch die Verdunstung über die Pflanze, durch Evapotranspiration*, wie wir bereits gesehen haben. Außer in Regionen mit sehr viel Niederschlag im Sommer (im Norden oder in den Bergen) muss deshalb auch ein gemulchter Boden gegossen werden. Allerdings kann man viel Wasser einsparen, da man nicht so häufig und nicht so viel gießen muss.

Nicht so oft gießen

Schwierig zu sagen, wie viel Wasser man genau durch das Mulchen spart, wahrscheinlich kann man von der Hälfte ausgehen. In der Praxis heißt das, dort wo Sie ohne Mulch zweimal in der Woche gegossen hätten, brauchen Sie nur noch einmal zu gießen. Heben Sie den Mulch leicht an, um zu kontrollieren, ob die Erde noch feucht ist oder nicht. Wenn sie anfängt, trocken zu werden, gießen Sie. Ansonsten können Sie noch etwas warten.

Gießen oder nicht? Einfach nachsehen, ob die Erde unter dem Mulch trocken ist

Nur noch einmal in der Woche mit dem Schlauch gießen

Von oben gießen …, seitlich …

Auf den ersten Blick scheint die Mulchschicht ein Hindernis beim Gießen zu sein. Diese Bedenken sind wohl angebracht, denn wenn der Mulch erst einmal im gesamten Gemüsegarten ausgebracht ist, kann das Gießen etwas schwierig werden, vor allem für eine Furchenbewässerung, das heißt in kleinen Gräben, die entlang der Gemüsereihen mit einer Gartenhacke oder einer Beethacke angelegt wurden. Diese Bewässerungsart ist jedoch trotzdem möglich: einfach die Mulchschicht leicht auf die Pflanzen zuschieben und direkt daneben die Furche ziehen. Wenn Sie mit dem Schlauch gießen, läuft das Wasser durch den Mulch hindurch. Bei Tomaten greife ich auf zwei Bewässerungssysteme zurück: einmal pro Woche reichlich mit dem Schlauch direkt auf den Mulch gießen, und zwar am Fuß der Pflanze, was etwas länger dauert, oder, wenn ich die Zeit nicht habe (aber genügend Wasser!), in die Furche zu beiden Seiten des Tomatenbeetes.

… am Fuß der Pflanze

Und schließlich für diejenigen, die einen Reihentropfer verwenden: Er kann vor dem Abdecken installiert werden. Dies ist wohl das sparsamste und auch zeitsparendste Bewässerungssystem. Natürlich muss regelmäßig überprüft werden, ob alle Düsen noch funktionieren und ob die Wassermenge korrekt auf die Bedürfnisse der Pflanzen eingestellt ist, das heißt nicht zu viel und nicht zu wenig Wasser.

Immer früher mulchen?

Durch den Klimawandel wird man wahrscheinlich immer früher mulchen. In der Praxis ist es wohl am einfachsten, sich am Wachstum der Pflanzen zu orientieren. Wenn das Wetter es erlaubt, die Tomaten zehn Tage früher als gewohnt zu pflanzen, dann mulchen Sie eben auch zehn Tage früher. Für Tomaten ist es sowieso am besten, wenn die Mulchschicht direkt nach dem Pflanzen ausgebracht wird (siehe S. 72).

Mulchen ist eine sehr wirksame Technik bei der Bekämpfung von Beikraut

Weniger unerwünschtes Beikraut

Dies ist oft der zweitwichtigste Grund zum Mulchen, und es funktioniert wirklich! Aber freuen wir uns nicht zu früh: Diese Technik hat ihre Grenzen. Die Bodenoberfläche muss vor dem Mulchen sehr sorgfältig von Beikraut befreit werden, und so manches Beikraut ist sehr hartnäckig.

Unerwünscht? Beikraut? Unkraut?
Warum sind manche Pflanzen, die ganz natürlich im Garten wachsen, unerwünscht? Ist Ihnen aufgefallen, dass ich ganz bewusst nicht den Begriff „Unkraut" verwende? Denn natürlich ist kein wild wachsendes Kraut von sich aus ein „UN"kraut. Mitten im Gemüsegarten allerdings kann es sehr wohl nicht willkommen, störend und unerwünscht sein ...

Warum überhaupt das Beikraut entfernen?

Am meisten stört es eigentlich beim Säen, denn wenn man es nicht früh genug unter Kontrolle bekommt, erdrückt es leicht die jungen Sämlinge. Später, wenn die Pflänzchen kräftiger geworden sind, konkurriert das Beikraut mit ihnen um das Wasser und auch um die Nährstoffe. Im Sommer erhöht es die generelle Evapotranspiration des Gartens, im Vergleich zu einer gleich großen Fläche ohne Beikraut. Sobald die Hauptkultur jedoch gut entwickelt ist, wird das wenige Beikraut, das Ihnen vielleicht entgangen ist, die Qualität Ihrer Ernte nicht mehr beeinträchtigen. Achten Sie aber darauf, dass es keine Samen bildet und nicht überhandnimmt (Quecken, Brombeergestrüpp).

So wirkt die Mulchschicht: Licht aus!

Die Samen von einigen Pflanzen, wie zum Beispiel Krauser Ampfer (*Rumex crispus*), keimen nur bei Licht. Diese Art von Pflanzen wird also im Dunkeln unter dem Mulch nicht keimen. Aber selbst die Pflanzen, die im Dunkeln keimen, mögen es nicht, eine dicke Mulchschicht über sich zu haben. Und wenn sie es doch schaffen zu keimen, müssen die ersten Blätter genügend Licht finden, damit die Pflanze auch wachsen kann. Wenn das nicht der Fall ist, verkümmern die jungen Beikraut-Keimlinge sehr schnell und gehen ein.

Die Mulchschicht muss ausreichend dick sein

Will man das Beikraut wirksam unterdrücken, ist also die Dicke der Mulchschicht entscheidend. Einige wenige Zentimeter reichen nicht aus, um das Licht fernzuhalten. Der Boden darf durch das Mulchmaterial hindurch nicht mehr sichtbar sein. Daher empfiehlt sich für die meisten verwendeten Materialien eine Dicke von mindestens 10 bis 15 cm. Eine schwarze Plastikfolie ist natürlich eine radikale Lösung, um das Licht abzuhalten, aber wir werden im weiteren Verlauf sehen, dass dies nicht sehr empfehlenswert ist, da das Mulchen noch weitere Aufgaben hat.

Saaten nicht mulchen!

Vorsicht: Mulchen wirkt auf junge Pflänzchen genauso wie auf das Gemüse, das Sie aussäen. Wenn Sie zum Beispiel Möhren gesät haben, bedecken Sie sie nicht gleich mit Mulch, da sie sonst durch den Mulch hindurch vergeilen. Sie sehen: Mulchen erspart Ihnen nicht das erste Beikrautjäten von Hand. Warten Sie mit dem Mulchen, bis Ihre Gemüsepflanzen ausreichend hoch sind.

Rindenmulch unter einem Rosenstrauch: So wird Beikraut eingedämmt

Sorgfältige Vorbereitung

Mulchen tötet die Keimlinge ab, die unter der Schicht keimen, unterdrückt aber nicht immer die schon fest angesiedelten Pflanzen, die kräftig genug sind, um den Mulch zu durchstoßen. Als Grundregel gilt, dass der Boden vor dem Mulchen gut präpariert sein muss, wenn Mulchen gegen unerwünschtes Beikraut helfen soll. Entfernen Sie also vorher unbedingt alle bereits vorhandenen Beikräuter und hacken Sie die Erde gut durch. Das trägt auch nach dem Ausbringen der Mulchschicht zu einem besseren Austausch zwischen Boden und Atmosphäre bei.

Die Hartnäckigen

Mulchen schränkt zwar das Wachstum der einjährigen Pflanzen ein, ist aber beim Kampf gegen mehrjährige Pflanzen nur beschränkt wirksam. Dies gilt zum Beispiel für Pflanzen, die sich wie die Quecke über Rhizome* vermehren. Ein Rhizom ist ein unterirdischer Spross, der in der Erde weiterwächst, egal ob oben Mulch aufliegt oder nicht. Bevor Sie also Mulch aufbringen, der längere Zeit liegen bleiben soll, empfiehlt es sich, durch tiefes Graben möglichst viele Rhizome zu entfernen. Dasselbe gilt für fest angesiedelte Pflanzen wie Brombeergestrüpp: Wenn Sie sie nur abschneiden und dann mit Mulch bedecken, wachsen sie unter der Düngewirkung des Mulchs umso kräftiger wieder nach. Andere Pflanzen wie die Ackerwinde stören sich zwar auch nicht am Mulch, aber sie lassen sich wenigstens sehr leicht ausrupfen.

Zwei Grundregeln zum Eindämmen von Beikraut:

1. Vor dem Mulchen das gesamte Beikraut hacken und entfernen
2. Eine ausreichend dicke Mulchschicht ausbringen (15–20 cm)

Diese Zwiebelpflanzen wurden nicht gemulcht und sind nun voller Beikraut

Queckenrhizome müssen vor dem Mulchen möglichst gründlich entfernt werden

Einige sehr hartnäckige Beikräuter, die durch den Mulch durchwachsen: Ackerwinde und Quecke (links) …

Die im Stroh vorhandenen Samen keimen schnell, aber junge Weizen- oder Gerstenpflänzchen lassen sich leicht ausrupfen

Lebendmulch: die Bodendecker

Auch ein gut aufgebrachter Mulch hält nicht ewig, und generell nehmen nach ein oder zwei Jahren andere Beikräuter überhand: Entweder wachsen sie von unten durch oder sie keimen im Mulch selbst (vom Wind herbeigewehte Samen).
Eine sehr gute Lösung sind mehrjährige Pflanzen, die das Beikraut aus dem Garten fernhalten, vor allem in den Beeten unter Sträuchern. Dies sind sogenannte „Bodendecker". Das Prinzip – und deshalb heißen sie auch so – ist, dass sie den gesamten Boden abdecken und dem unerwünschten Beikraut keine Chance geben. Sie brauchen nur sehr wenig Pflege, auch in Trockengebieten, denn die meisten Arten benötigen nur sehr geringe Mengen Wasser.

Tödlicher Mulch auf der Wiese

Auf eine ganz besondere Mulchtechnik können Sie zurückgreifen, wenn Sie ein Stück Wiese, das lange Zeit nicht bestellt wurde, bepflanzen wollen. Wenn Sie diesen kompakten, mit einer dichten Wurzel- und Kräuterschicht bewachsenen Bereich für Kulturpflanzen nutzen wollen, wirkt eine Mulchschicht Wunder: Sie erstickt den gesamten Pflanzenbewuchs. Bringen Sie auf der Oberfläche, die Sie neu bestellen wollen, mehrere Schichten Karton aus, die Sie mit Steinen oder Holzscheiten beschweren. Lassen Sie sie mehrere Monate ruhen. Das fehlende Licht tötet allmählich die Pflanzen auf der Wiese ab und die Wurzeln lassen sich bei der anschließenden Bodenbearbeitung viel einfacher herausziehen.

Die Mulchschicht sorgt für eine trockene Atmosphäre rund um die Pflanze. Die Feuchtigkeit bleibt im Boden. So ist die Pflanze vor Krankheiten geschützt

Kulturpflanzen vor Krankheiten schützen

Auf einem unbedeckten Boden können sich schnell Krankheiten entwickeln, und zwar aus zwei Gründen: Erstens verdunstet das Wasser nach einem Regenguss oder nach dem Gießen hier schneller als aus einem abgedeckten Boden. Die Atmosphäre rund um die Blätter der Gemüsepflanzen ist also feuchter, was das Entstehen vieler Krankheiten begünstigt. Zweitens befinden sich im Boden ein Teil der krankheitserregenden Pilzsporen oder Viren und Bakterien. Wenn zwischen ihnen und den Gemüsepflanzen keine Barriere existiert, sind die Pflanzen ihnen recht schutzlos ausgeliefert.

Krankheitserregende Pilze mögen Feuchtigkeit

Krankheitserregende Pilze wie der Mehltau verbreiten sich in Form von Sporen in der Atmosphäre. Wenn diese sich auf einem Blatt niederlassen, benötigen sie zum Keimen eine gewisse Feuchtigkeit über mehrere Stunden. Erst nach dem Keimen dringen die Fädchen in das Pflanzeninnere ein. Die wirksamste Vorbeugemaßnahme gegen Pilzkrankheiten* besteht also darin, keine Feuchtigkeit an die Blätter gelangen zu lassen, denn wenn die Krankheit erst einmal ausgebrochen ist, gibt es keine natürlichen Mittel zur Bekämpfung.

Trockenere Luft über der Mulchschicht

Die Mulchschicht sorgt im Vergleich zum unbedeckten Boden für eine trockenere Atmosphäre, da die Feuchtigkeit im Boden bleibt. Aus derselben, nicht abgedeckten Fläche würde wesentlich mehr Wasser verdunsten, das zum Entstehen von krankheitserregenden Pilzen beitragen würde. Der Unterschied ist umso größer, als ein unbedeckter Boden keine Barriere hat, die das vom Boden aufsteigende Wasser aufhält, und die austretenden Wasserdämpfe beachtlich sind: Ein unbedeckter Boden ist überhitzt (bis zu 50 °C im Hochsommer), was die Evaporation noch erhöht.
Darüber hinaus wird gemulchter Boden nur halb so oft gegossen, das heißt, der Boden ist seltener der feuchten Luft nach dem Gießen ausgesetzt, was die Perioden, in denen die Sporen von krankheitserregenden Pilzen keimen können, rein zeitlich begrenzt.

Früchte faulen nicht

Pilzerkrankungen entstehen nicht nur auf den Blättern, sondern auch auf den Früchten. Wenn diese direkt auf der Erde liegen, sind sie nicht nur potenziell den Erregern ausgesetzt, sondern auch den Feuchtigkeitsbedingungen, die der Erreger benötigt: Das Fäulnisrisiko ist demnach sehr groß. Die Mulchschicht ist eine wirksame Barriere: Die hier liegenden Früchte sind nicht nur sauber, sondern auch vor Krankheiten geschützt.

Erste Spuren von Mehltau auf Kartoffeln, der durch Mulchen gestoppt werden konnte

Auch Auberginen sind durch Mulch vor dem Mehltau geschützt

Das Beispiel der verschiedenen Mehltau-Erkrankungen

Der Begriff „Mehltau" beinhaltet mehrere Krankheitserreger einer botanischen Familie. Die wichtigsten sind der Kartoffel-Mehltau (*Phytophthora infestans*), der Falsche Gurken-Mehltau (*Pseudoperonospora cubensis*), der Falsche Mehltau auf Salat (*Bremia lactucae*), auf Porree (*Phytophthora porri*), Zwiebeln (*Peronospora destructor*) und Erbsen (*Peronospora pisi*). Es handelt sich hierbei um Pilze, die mit Vorliebe die Blätter befallen und manchmal zur raschen und radikalen Zerstörung der Pflanze führen können. Im biologischen Gartenbau gibt es keine kurativen Methoden, daher muss man sich auf Präventivmaßnahmen konzentrieren.

Kartoffel-Mehltau

Nachtschattengewächse (Kartoffeln, Tomaten, Auberginen) werden vom sogenannten Kartoffel-Mehltau befallen. *Phytophthora infestans* benötigt milde Temperaturen zwischen 17 und 20 °C sowie Feuchtigkeit. Die Sporen können nur in Gegenwart eines Wasserfilms keimen, der mehrere Stunden auf der Blattoberfläche verbleiben muss (Tau, Nebel, Regen). Das ozeanische Klima ist also ideal für die Ausbreitung dieser Krankheit. Mehrere aufeinanderfolgende Perioden von feuchtem und warmem, gewittrigem Wetter sind also für die Entstehung und Verbreitung der Krankheit sehr günstig. Temperaturen von über 30 °C bzw. sehr trockenes Wetter stoppen die Krankheit jedoch.

Verlassen Sie sich nicht nur auf das Mulchen

Mulchen ist eines der Mittel zur Vorbeugung gegen Mehltau, aber nicht das einzige. Die anderen, die wir Ihnen zusätzlich zum Mulchen empfehlen, sind:

- genügend Platz zwischen den Pflanzen lassen (bei Tomaten mindestens 50 cm Abstand zwischen den Pflanzen);
- wählen Sie resistente Sorten (die gibt es vor allem bei Kartoffeln);
- pflanzen Sie viele verschiedene Sorten Tomaten (denn so sind immer welche dabei, die widerstandsfähiger sind als andere);
- besprühen Sie die Pflanzen, falls nötig, mit Kupfer (Vorsicht: Dies ist auch eine präventive und keine kurative Maßnahme, das heißt, sie ist anzuwenden, bevor die ersten Symptome sichtbar werden);
- vor allem gegen Ende der Saison können Sie Ihre Tomaten mit einer Plastikfolie vor dem Regen schützen.

Mulchen im Zusammenhang mit anderen Krankheiten

Mulchen ist nicht nur ein vorbeugendes Mittel gegen den bisher besprochenen Falschen Mehltau. Es hilft den Gemüsepflanzen auch, sich gegen den Echten Mehltau zu wehren, eine weitere Pilzkrankheit, die Kürbisgewächse befällt (Gurken, Zucchini, Melone und Kürbisse generell), aber auch Erbsen und Topinambur.

Durch das Mulchen lässt sich der Pilzbefall, wie zum Beispiel der Gurken-Mehltau, hinausschieben, denn am Ende der Saison richtet der Befall weniger Schaden an

Kulturpflanzen vor Schädlingen schützen

Ob in Form einer Barriere oder eines Unterschlupfes für Nützlinge: Die Mulchschicht trägt auch zur Abwehr der Kulturpflanzenschädlinge bei.

Eine Barriere gegen Schnecken ...

Wir haben gesehen, dass Mulch zwischen Boden und Pflanzen eine Barriere gegen das verdunstende Wasser, die Hitze, unerwünschte Beikräuter und die Ausbreitung von Krankheiten darstellt. Er ist ebenfalls eine wirksame Barriere gegen manche Schädlinge, vor allem Schnecken. Man hört oft den Einwand, dass Mulch Schnecken anlockt. Haben Sie schon mal beobachtet, wie eine Schnecke auf Stroh vorwärtskommt? Man sieht, dass dies sehr schwierig ist und dass sie auf einem unbedeckten Boden wesentlich schneller vorankommt. Es stimmt allerdings, dass die Schnecken Blattmulch mögen: Dieser ist schön rutschig und deshalb siedeln sie sich gern hier an. Aber nicht für lange Zeit, denn die Laufkäufer sind nicht weit, und sie haben Hunger (siehe S. 28)!

Eine weitere provisorische Barriere im Frühjahr

Im Frühjahr, wenn die Kürbisgewächse ausgesetzt werden, greife ich auf eine einzige Vorsichtsmaßnahme gegen Schnecken zurück: In den ersten zehn Tagen, das heißt, bis die Pflanze in ihrer neuen Umgebung Wurzeln gebildet hat, ist der Hauptspross von Zucchini-, Gurken- oder Kürbispflanzen noch sehr zart und jeder vorbeikriechenden Schnecke hilflos ausgesetzt. Um die Pflanze zu schützen, ziehe ich einen Graben um sie und fülle diesen mit Holzasche. Wenn sie trocken bleibt, kommt keine Schnecke hinüber. Sobald die Kürbispflanze kräftig genug ist, besteht keine Gefahr mehr: Dann kann ich ohne Bedenken mulchen, die Schnecken können der Pflanze nicht mehr schaden.

Stroh erschwert das Vorankommen der Schnecken

Trockenasche ist eine unüberwindliche Barriere für Schnecken

Ausgewachsener Saatschnellkäfer

Larve des Saatschnellkäfers, auch Drahtwurm genannt

… und gegen Insekten

Die Larve des Saatschnellkäfers – auch „Drahtwurm“ genannt – richtet leider einigen Schaden im Boden an (Löcher in Kartoffeln, am Blattansatz von Salat etc.). Sie kommt aber auch an die Oberfläche und macht sich über schön reife Erdbeeren her … Es sei denn, die Erdbeere berührt nicht den Boden! Seit ich meine Erdbeeren richtig mulche, habe ich keine einzige Erdbeere mehr mit Drahtwürmern drin. Auf der nächsten Seite werden wir sehen, dass die Mulchschicht auch indirekt wirkt, denn die Laufkäfer, die hierin leben, vor allem in Form von Larven im Sommer, vernichten außer Schnecken auch die Larven des Drahtschnellkäfers.

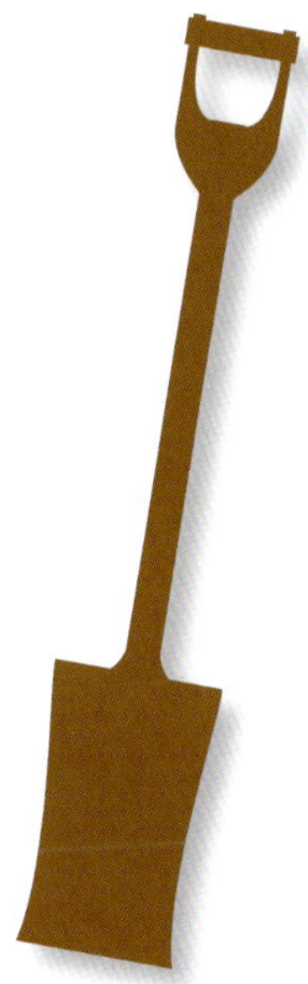

Zwei Laufkäfer unter einem alten Tomaten-Mulch

Der Mulch ist eine Wohnstätte ...

Die Mulchschicht ist nicht nur eine Barriere, sondern vor allem ein indirekter Schutz, da darin in der Anbauzeit, aber auch das ganze Jahr über und vor allem im Winter, zahlreiche Nützlinge* leben. Wenn Sie also im Winter nicht die ganze Gartenfläche benötigen, ist es besser, die im Sommer ausgebrachte Mulchschicht, zum Beispiel von den Tomaten (siehe S. 75), dort liegen zu lassen.

... für Laufkäfer

Laufkäfer sind opportunistische Beutejäger, das heißt, sie ernähren sich von allem, was ihnen begegnet. Sie jagen nachts und ziehen sich tagsüber unter Steine, Holzstücke oder Pflanzenreste zurück. Unter Ihrer Mulchschicht finden Sie immer welche.

Für sie ist der Mulch ein Paradies, denn sie können mitten im Garten leben. Für den Gärtner ebenso, denn die Laufkäfer fressen sehr gern Schnecken und Drahtwürmer. In Europa kommen rund 2.700 Laufkäferarten vor, weltweit sind es rund 40.000 verschiedene Arten. Die kleinsten Arten greifen ausgewachsene Weichtiere nicht direkt an, sondern eher ihre Eier. Wenn man behauptet, dass Mulch Schnecken anzieht, vergisst man zu sagen, dass er vor allem deren natürliche Feinde, die Laufkäfer, anzieht.

… und für andere Verwandte dieser Familie der Käfer

Zur großen Ordnung der Käfer gehören noch weitere im Garten nützliche Käferfamilien, die auch im „Mulchhaus“ leben. Hierzu gehören zum Beispiel die Staphyliniden (Kurzflügler) und die Silphiden (Aaskäfer), die ebenfalls viele Schnecken vertilgen. Käfer ernähren sich aber nicht nur von Weichtieren, so greift die Spanische Fliege aus der Familie der Ölkäfer zum Beispiel Läuse und andere Kulturpflanzenschädlinge an. Außerdem gibt es bei den Käfern auch noch den berühmten Marienkäfer.

… und auch für Blindschleichen

Die Käfer sind nicht die einzigen Tiere im Garten, die sich von Schnecken ernähren. Auch Blindschleichen fressen sehr gern Schnecken. Dieses kleine, harmlose Reptil beendet die Säuberungsarbeiten, die die Laufkäfer und ihre Verwandten begonnen haben – wenn Sie das Glück haben, dass bei Ihnen einige in der Mitte des Gartens leben. Vor einigen Jahren habe ich im Kompost oder am Gartenrand Blindschleichen bemerkt, aber seit ich systematisch alle meine Beete mit Mulch bedecke, sehe ich sie auch im Frühling mitten im Gemüsegarten unter der Mulchschicht, die ich über den Winter dort gelassen habe.

Dank dem Mulch siedeln sich Blindschleichen mitten im Garten an, mit dem Ergebnis, dass die Schnecken weniger Schaden anrichten

Den Boden schützen ...

Die Oberfläche eines nicht abgedeckten Bodens ist das ganze Jahr hindurch zahlreichen Aggressionen ausgesetzt, was sie direkt (Verlust von Erde bei starkem Regen) oder indirekt angreift, da das Leben im Boden bzw. das Pflanzenwachstum gestört wird. Mulchen schützt die Erdoberfläche sehr wirksam vor Regen, Hitze und in geringem Maße auch vor Frost.

Dieser Paprika braucht dringend eine Mulchschicht

... vor Regen

Ein nicht abgedeckter Boden ist immer der Erosion* ausgesetzt, das heißt dem Verlust von Erdpartikeln, die der Regen an der Oberfläche wegspült. Die Erosion stellt eine der größten Bedrohungen für den Boden dar, da die weggespülte Erde für immer verloren ist. Außerdem sind es oft die fruchtbarsten Böden, die unwiderruflich davongetragen werden.
Ganz spektakulär ist die Erosion nach einer Waldrodung, vor allem in den Tropen oder in der Äquatorialzone, aber es handelt sich hierbei um ein weltweites Problem: Es fließen Millionen Tonnen Ackerboden ins Meer. Bei einem kleinen Garten ist die verlorene Menge natürlich recht gering, aber das Risiko bleibt bestehen, und jeder sollte – dort wo er kann – versuchen, dieses Risiko so gering wie möglich zu halten.

Wie geht man in der Praxis vor?

Das Mulchen verhindert bzw. verringert ganz erheblich die Verdichtung des Bodens und das Abfließen der Erdpartikel. Es muss schon sehr kräftig regnen und ein starkes Gefälle vorliegen, um die Mulchschicht und die darunterliegende Erde wegzuschwemmen. Wenn die Mulchschicht durchgehend ausgebracht wurde und ausreichend dick ist, begrenzt sie in den meisten Fällen ganz entscheidend die Erosion. Denken Sie auch daran, die Wege zwischen den Beeten zu mulchen, damit sich keine Ablaufrinnen bilden. Durch diese würde das Wasser bei starken Niederschlägen ablaufen. Diese Vorsichtsmaßnahme gilt auch, wenn Ihr Gelände flach zu sein scheint. Das Ablaufrisiko erhöht sich zwar mit zunehmendem Gefälle, es existiert aber auch auf einem fast horizontalen Gelände, vor allem wenn die Erde lehmig* ist (mit hohem Schluff*anteil).

... vor Hitze

Mulchen verlangsamt das Schossen

Da der Mulch verhindert, dass die Erde sich zu schnell erwärmt, schießen die zweijährigen Pflanzen wie Kohl nicht so schnell in die Höhe, gehen also nicht so schnell in Blüte.

Die im Boden lebenden Bakterien sind mesophil ...

In der Natur gibt es Bakterien, die an extreme Bedingungen angepasst sind: Manche leben in Polargebieten, andere in Warmwasserquellen. Im Boden dagegen sind die meisten für den Gärtner nützlichen Bakterien „mesophil", das heißt, sie entwickeln sich am besten bei Temperaturen zwischen 20 und 40 °C. Im Sommer haben sie also unter einer guten Mulchschicht bessere Lebensbedingungen, denn auf einem nicht abgedeckten Boden erreicht die Bodentemperatur in den ersten Millimetern bei voller Sonneneinstrahlung bis zu 50 °C.

... und brauchen Wasser, um aktiv sein zu können

Mulchen ist auch sehr wichtig, weil der Boden schön feucht bleibt, auch direkt an der Oberfläche. Diese Feuchtigkeit wirkt sich natürlich günstig auf die Wasserversorgung der Pflanzen aus, aber auch auf die Lebensbedingungen der Bakterien. Diese sind winzig klein: Es sind die kleinsten existierenden Lebewesen und ihre Größe wird in Mikrometern (1 Tausendstel Millimeter) gemessen ... In dieser Größenordnung dringen keine großen Moleküle in das Bakterium ein, um intern verdaut zu werden. Es hat, wenn man so sagen kann, in seiner einzigen Zelle keinen Platz für einen noch so rudimentären Verdauungsapparat. Es verdaut außerhalb seiner Zelle, indem es Enzyme in den Boden schickt, die die großen Moleküle zerkleinern, zum Beispiel die Cellulase, die die Cellulose* zerkleinert. Die aus dieser Verdauung entstandenen, kleineren Moleküle können dann in das Bakterium eindringen.

Temperatur mitten im Sommer unter dem Mulch ...

... und über dem Mulch!

Kein Wasser = keine Mineralisierung

An dieser Stelle tritt das Wasser in Aktion: Es ist für das Funktionieren der Enzyme absolut unerlässlich. Ohne Wasser keine Enzymtätigkeit und folglich auch keine mikrobielle Aktivität. Und gerade durch sie werden organische Düngemittel in mineralische Elemente umgewandelt, die wiederum von den Pflanzen assimiliert werden können: Dies ist die sogenannte Mineralisierung*. Ist der Boden trocken, nützt das Aufbringen von Mist, Kompost oder irgendeinem anderen organischen Dünger überhaupt nichts, denn die Mineralisierung kann nicht stattfinden.

Auch die Mykorrhizen mögen es kühl

Die Mykorrhizen* entwickeln sich unter einer Mulchschicht wesentlich besser. In der Natur findet man sie zum Beispiel unter der Streuschicht* in unseren Wäldern der gemäßigten Breiten, denn alle uns bekannten Pilze sind ja Mykorrhizen (der Pilz, den wir im Wald suchen, ist eigentlich nur ein Organ für die Verbreitung der Sporen, während sich der wichtigste Teil des Pilzes im Boden befindet, in Form von winzigen Fäden, die mit den Baumwurzeln in direkter Verbindung stehen). Wenn die Erde dank der Mulchschicht bis hin zur Oberfläche feucht bleibt, dehnt sich das weite Netzwerk der Mykorrhizen-Fäden aus und ernährt so viel wirksamer die damit in Verbindung stehenden Gemüsepflanzen. Ein weiterer Vorteil eines gemulchten Beetes ist, dass dieses Fadennetzwerk intakt bleibt, während es bei jedem Hacken teilweise zerstört wird.

Die Mykorrhizen

Die Mykorrhizen sind Bodenpilze, die mit den meisten Pflanzen eine Symbiose an den Wurzeln eingehen. Im Garten hat jede Gemüsepflanze Mykorrhizen, außer denjenigen, die zur Familie der Kreuzblütler (Kohl, Radieschen) und der Gänsefußgewächse (Spinat, Melde, Rote Bete, Mangold) gehören. Mykorrhizen sind deshalb interessant, weil ihre sehr feinen Fäden die Erde viel besser durchziehen als Wurzeln. So wird die Pflanze besser mit Wasser und Nährstoffen versorgt, vor allem mit Phosphor*. Als Gegenleistung liefert die Pflanze dem Pilz Kohlenstoff.

Unter dem Mulch ist die Erde feucht und krümelig

Was die Kunststofffolie nicht kann

Wir haben erwähnt, dass eine Kunststofffolie zum Wassersparen oder zum Bekämpfen von unerwünschtem Beikraut recht wirksam ist. Das stimmt zwar, aber was den Schutz der Bodenoberfläche betrifft, ist eine Kunststofffolie nicht zu empfehlen: Sie trägt nämlich nicht dazu bei, die Temperatur im Sommer zu senken, sondern erhöht sie sogar noch. Folglich ist die Temperatur in den ersten Zentimetern direkt unter der Kunststofffolie so hoch, dass dort kein Organismus mehr leben kann. Das Auflegen einer Kunststofffolie im Sommer auf einen unbepflanzten Boden ist übrigens eine Methode in der Landwirtschaft – die sogenannte Solarisation –, die ganz bewusst dazu eingesetzt wird, um bestimmte krankheitserregende Organismen im Boden im Hinblick auf den späteren Obst- und Gemüseanbau abzutöten.

... vor Kälte

Ein wirksamer Schutz

Wie ein Mantel schützt die Mulchschicht den Boden auch vor Kälte. Die Schicht ist gerade zu Beginn des Winters relativ nützlich, weil dann nämlich noch die über den gesamten Sommer gespeicherte Wärme vorhanden ist. Durch die Mulchschicht bleibt diese Wärme länger erhalten. So ist zum Beispiel krauser oder glatter Endiviensalat, der zu Beginn des Winters gut gemulcht wurde, vor dem ersten Frost geschützt. Oft wird Stroh zum Schutz vor Kälte empfohlen, und zwar eine mindestens 10 cm dicke Schicht. Im Vergleich zu anderen Mulchmaterialien hat Stroh den Vorteil, dass es weniger zusammensackt und nach einem Regenguss schneller wieder trocknet. Laub eignet sich ebenfalls gut als Wintermulch.

... außer bei starker Kälte

Mulch kommt allerdings bei starkem und lang anhaltendem Frost an seine Grenzen. Vor allem in der Mitte oder gegen Ende des Winters, wenn die Wärme der vorhergehenden Jahreszeit entwichen ist und die Kälte tief in den Boden eindringt, spielt es keine Rolle mehr, ob die Oberfläche nun gemulcht ist oder nicht. In Gegenden mit strengen Wintern (Kontinentalklima/in den Bergen) kann die Mulchschicht das Wintergemüse nicht vor dem Frost schützen.

Muss man schon im Frühjahr mulchen?

Der Mulch behält zwar die im Sommer gespeicherte Wärme etwas länger bei, kann aber im Gegenzug die Bodenerwärmung im Frühling verlangsamen, denn die Sonnenstrahlen gelangen nicht direkt auf den Boden. Dies gilt vor allem für die sogenannten „kalten" Böden, die sich langsamer erwärmen, da sie das Wasser besser speichern (Lehmböden). In diesem Falle empfiehlt es sich natürlich, den alten Mulch zu Frühlingsbeginn zu entfernen und bis zur Mitte bzw. bis zum Ende des Frühlings zu warten und erst dann neu zu mulchen. Wie wir später sehen werden, brauchen Sie sich nur an den Daten für das Setzen der Gemüsepflanzen zu orientieren, das heißt, Sie mulchen zur gleichen Zeit. Beispiel:

- wenn Sie Anfang Mai Ihre Tomaten pflanzen können, mulchen Sie Anfang Mai;
- wenn Sie sie nicht vor Ende Juni pflanzen können, mulchen Sie Ende Juni.

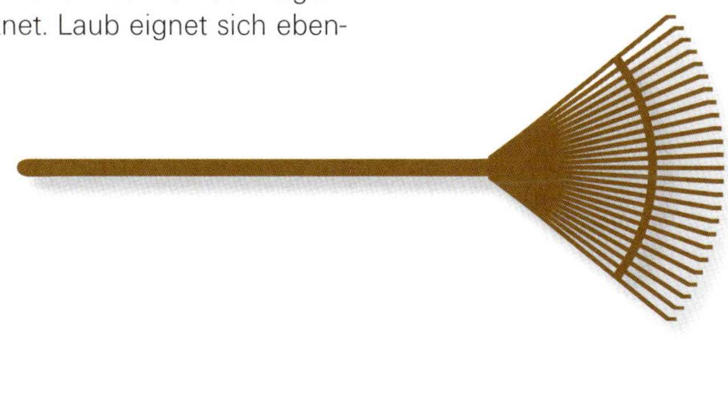

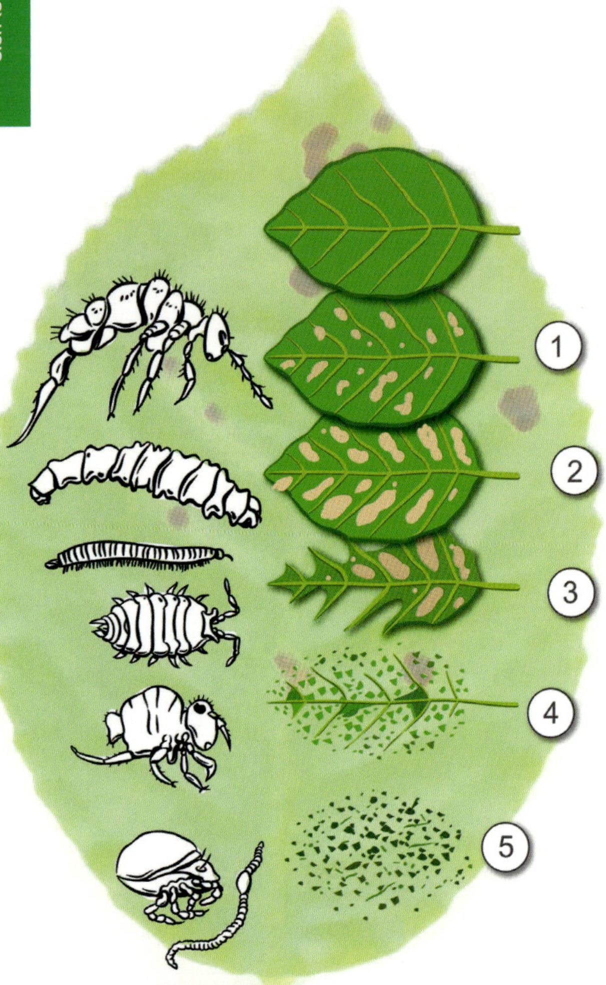

1 Die Collembolen (Springschwänze) perforieren das Blatt, damit Bakterien und Pilze eindringen können.

2 Die Larven der Diptera (Zweiflügler) setzen die Arbeit fort.

3 Nun sind die Makroarthopoden (Gliederfüßer) dran: Sie zersägen das Blatt und machen sich über die Rippen her.

4 Die Bakterien und Pilze arbeiten noch intensiver.

5 Das weitere Zerkleinern wird von noch kleineren Lebewesen übernommen.

Die Lebewesen im Boden mit Nahrung versorgen

Im Einleitungskapitel dieses Buches haben wir eine Parallele zwischen einer Mulchschicht und der Streuschicht aus Blättern, die wir aus dem Wald kennen, aufgezeigt. Sicherlich haben Sie schon mal in dieser Schicht herumgestochert und direkt darunter eine wunderbare schwarze Erde entdeckt, die angenehm nach Humus riecht. „Produziert" wurde diese Erde von den Blättern, aber sie hatten Helfer! Eine ganze Kette von Lebewesen, die zu Recht „Destruenten"* (die Zersetzer) genannt werden, hat die Blätter zersetzt. Wie die nebenstehende Zeichnung zeigt, hat jedes in der Kette bei der Zersetzung eines Buchenblattes seinen Platz.

Die Mulchschicht wird auch irgendwann zersetzt

Auch wenn das Ökosystem in Ihrem Garten wahrscheinlich weniger reichhaltig ist als das in einem Buchenwald, sind hier dennoch die zur Verdauung der Mulchschicht erforderlichen Destruenten vorhanden. Wichtig ist natürlich die Wahl des pflanzlichen Materials, das Sie verwenden: Es muss zart und von einheimischen Pflanzen sein (Laub aus Ihrer Region, Heu, Stroh), damit die in Ihrem Garten lebenden Destruenten es leicht zersetzen können. Je nach Zweck der Mulchschicht soll diese ja möglichst lange erhalten bleiben, und das bedeutet, dass die Destruenten sich eigentlich etwas zurückhalten sollten. Aber man kann sich auch bewusst dafür entscheiden, die Destruenten mit Nahrung zu versorgen, vor allem ihren „König": den Regenwurm. Wir werden uns genauer ansehen, wie man das anstellt.

Regenwürmer im Garten müssen mit Nahrung versorgt werden!

Sie haben sicherlich schon einmal gesehen, wie sich ein Regenwurm frühmorgens oder bei bedecktem Wetter oder bei Regen an der Bodenoberfläche fortbewegt: Er kommt relativ schnell voran, sodass er sich schnell vor widrigen Wettereinflüssen (vor Kälte im Winter, vor Hitze im Sommer) schützen und auch auf Nahrungssuche gehen kann. Wenn die Oberfläche Ihres Gartens also vollkommen unbedeckt ist, gehen Ihre Würmer woanders hin und es ist Schluss mit der natürlichen Belüftung Ihres Bodens (siehe Text rechts).

Direkte und indirekte Auswirkungen des Mulchens

Die direkte Auswirkung des Mulchens ist die Nahrungszufuhr für die Regenwürmer, vor allem bei „nährstoffreichem" Mulch, den man speziell für sie zusammengestellt hat. Die dickere Sommer-Mulchschicht, die den Regenwürmern ideale Lebensbedingungen bietet, hat auch indirekte Auswirkungen auf die Regenwürmer: Unter dieser Schicht finden sie eine feuchte und wohltemperierte Erde bis hinauf zur Oberfläche vor. Wenn der Boden nicht gemulcht ist, „schmollen" die Regenwürmer ganz einfach, ziehen sich tief in den Boden zurück und warten auf den Herbst.

Warum Regenwürmer mit Nahrung versorgen?

- **Um den Boden zu belüften:**
Die größten Regenwürmer holen sich ihre Nahrung an der Oberfläche, indem sie senkrechte Gänge graben. Für die anderen Lebewesen im Boden und für die Pflanzenwurzeln sind diese Gänge ein großer Vorteil, denn durch sie kann der Sauerstoff tief in die Erde eindringen und das Kohlendioxid aus der Erde herausgeleitet werden. Die Gänge ermöglichen auch das rasche Abfließen von überschüssigem Wasser nach einem starken Regenguss. Und stellen Sie sich mal vor, eine Wurzel hat das Glück, auf einen dieser verlassenen Gänge zu stoßen: Sie braucht nicht mehr weiter in die Tiefe zu wachsen und findet jede Menge Nahrung an den Seitenwänden des Ganges.

- **Um Düngemittel einzubringen:**
Regenwürmer liefern sehr reichhaltige Düngemittel, denn die für die Pflanzen nützlichen Nährstoffe konzentrieren sich einerseits in ihren Exkrementen (in der Wurmlosung) und andererseits in dem Schleim, den sie hinter sich lassen (sie müssen genau wie Schnecken diese Substanz ausscheiden, um leichter durch die Erde gleiten zu können).

Frühling und Herbst

In diesen beiden Jahreszeiten sind die Wetterbedingungen für Regenwürmer am günstigsten. Es ist nicht zu kalt und nicht zu warm, sie können sich vermehren und Vorräte für die schwierigeren Jahreszeiten anlegen. Schwierig sind der Winter, denn die Regenwürmer können den Frost nur tief in der Erde eingegraben überleben, und der Sommer, weil sie bei zu trockenem und zu heißem Boden nicht an die Oberfläche kommen können. Wenn Sie mulchen, sehen Sie auch im Sommer Regenwürmer, und in Gegenden mit milden Wintern können die Würmer den ganzen Winter über aktiv bleiben. Versorgen Sie sie also auch in dieser Jahreszeit mit Nahrung.

Vorverdauung muss sein

Im Gegensatz zu anderen Bodenlebewesen wie gewissen Insekten haben Würmer weder Kiefer noch Zähne, um die Nahrung vor der Aufnahme zu zerkleinern. Sie benötigen also die Hilfe von Bakterien und Bodenpilzen. Diese sorgen für die „Vorverdauung" der Pflanzenabfälle, während der Wurm sie einfach nur in seine Gänge hinunterzieht. Gut geschützt, bei guter Belüftung und angenehmer Feuchtigkeit mühen sich die Bakterien und die Pilze dann ab, bis der Regenwurm die Nahrung für weich genug befindet und alles hinunterschluckt. Um bei der Vorbereitung seiner Mahlzeiten nicht zu viel Zeit zu verlieren, frisst er gern Pflanzenstückchen, die nicht zu hart, sondern langfaserig und zart sind. Am Ende der Saison, wenn er nichts Besseres mehr findet, verspeist er auch gern Strohhalme, wenn sie schön aufgeweicht sind. Im Frühling ist er ganz verrückt nach frisch geschnittenen Gräsern. Rasenschnitt mag er allerdings nicht so gern, da die Halme zu kurz sind.

Das obere Ende eines Ganges, in den der Regenwurm seine Nahrung hineingezogen hat

Das Resultat der gründlichen Arbeit: Der Wurm hat die Gräser tief in die Erde hinabgezogen

Vor dem Ausbringen von Mulch bei Herbst-Endivien etwas Kompost dazugeben

Ein Beispiel für einen nährstoffreichen Mulch für den Herbst

Der Herbst ist die zweite Jahreszeit, in der der Regenwurm besonders aktiv ist. Nutzen Sie das Einpflanzen der Winterkulturen, um die Regenwürmer gleichzeitig ein letztes Mal mit Nahrung zu versorgen. Lassen Sie sich ruhig die Arbeit abnehmen! Die Würmer sind ja Spezialisten dafür, Sachen einzugraben, dann sollen sie doch Ihren Kompost in die Erde eingraben. Man muss da ein bisschen tricksen, denn Kompost ist nicht unbedingt ihr Lieblingsgericht … Er ist zu fein und enthält nicht genügend Kalorien. Wenn Sie ihn aber mit appetitlichen Pflanzenabfällen bedecken, merken die Regenwürmer das gar nicht und ziehen den Kompost gleichzeitig mit den Pflanzenabfällen in die Gänge hinunter (siehe auch S. 82).

Dieser ganz zarte Mulch (Brasilianisches Tausendblatt, *Myriophyllum aquaticum*, eine Wasserpflanze) zieht die Regenwürmer rasch an, die in dieser Jahreszeit sehr aktiv sind: Beim Eingraben ziehen sie auch den Kompost hinunter in die Erde

Mulch-material

- Stroh
- Heu
- Frischer Grasschnitt
- Reste von Gemüsepflanzen
- Laub
- Holzhäcksel
- Pflanzlicher Mulch aus dem Handel
- Kunststofffolie
- Biologisch abbaubare Folie
- Andere Mulchmaterialien
- Alten Mulch kompostieren

Mulchmaterial verschiedener Herkunft

Wir unterscheiden drei „Produktionsbereiche" beim Mulchmaterial:

- im Gemüsegarten;
- rund um den Garten;
- außerhalb des Gartens, hier bietet sich eine ganze Reihe von Materialien an, die man entweder wiederverwerten kann oder bei Landwirten bzw. in Gartencentern kauft.

In diesem Kapitel geht es um die verschiedenen Materialien in nachstehender Reihenfolge: zuerst das Stroh, dann die „hausgemachten" Mulche aus wiederverwerteten Materialien. Anschließend finden Sie einige Informationen über die im Handel erhältlichen Mulchmaterialien. Zum Abschluss werden noch einige originellere Mulche behandelt.

Stroh

Das Grundmaterial für einen guten und nutzbringenden Mulch: siehe S. 44

Hausgemachter Mulch

Die meisten Materialien, die zum Mulchen geeignet sind, finden sich im Garten oder in der unmittelbaren Umgebung. Wir stellen Ihnen die wichtigsten vor:

- Heu: siehe S. 46
- Frisches Gras: siehe S. 47
- Reste von Gemüsepflanzen: siehe S. 48
- Laub: siehe S. 49
- Holzhäcksel: siehe S. 50

Im Handel gekauftes Mulchmaterial

Meistens braucht man keinen Mulch zu kaufen. Manchmal ist es jedoch ganz praktisch, denn er ist gebrauchsfertig und einfach auszubringen:

- Pflanzlicher Mulch aus dem Handel: siehe S. 51
- Kunststofffolien: siehe S. 52
- Biologisch abbaubare Folie: siehe S. 53

Originelle Mulchmaterialien

Hier stellen wir Ihnen einige weitere Materialien vor, denn beim Mulchen kann man auch seine Fantasie einsetzen. Wir sagen Ihnen auch, welche Materialien man besser nicht verwendet: siehe S. 54

Beispiele für pflanzliche Materialien zum Mulchen, nach Kategorien geordnet (Holzprodukte, Stängel und Laub), wo es zu bekommen ist und Verwendung			
		Beispiele und wo man es bekommt	**Verwendung**
Lignine* auf Holz- und Rindenbasis	1	**Rinde** bei Ihrem Holzhändler, das ganze Jahr	für sehr langfristiges Mulchen: unter Sträuchern, Rosen; nicht auf Gartenwegen, wenn sie zu grob ist
	2	**Kakaoschalen** im Gartencenter	praktisch, wenn man nur wenig Fläche zu mulchen und nur wenige lokale Quellen hat; für Alleen, Blumenbeete; nicht mitten in den Gemüsegarten geben (lange Zersetzung)
	3	**Hanfhäcksel** im Gartencenter	es gilt das Gleiche wie für Kakaoschalen
	4	**frische Häcksel** hier Efeuhäcksel; beim Schneiden rund um Garten und Haus, Häcksler erforderlich	doppelte Aktion: schnelle Zersetzung der Blätter, hölzerne Teile brauchen länger; nur für mehrjährige Pflanzen
Trockene Stängel	5	**Stroh** das ganze Jahr zu bekommen, beim Biolandwirt oder im Gartencenter; geschützt aufbewahren	der Universalmulch: für alle Kulturen außer für mehrjährige Pflanzen, da die Qualität nach einem Jahr nachlässt
	6	**Stängel von Dicken Bohnen** sind ein Beispiel für hohle Stängel aus dem eigenen Garten; statt Stroh; nur im Sommer	gleiche Verwendung wie Stroh; kürzen Sie die Stängel ein bisschen, damit sie sich leichter verteilen lassen
	7	**Heu** je nach Region ab dem Frühjahr und den ganzen Sommer hindurch, auf dem eigenen Grundstück oder bei einem Nachbarn einsammeln	ein guter Ersatz für Stroh: leichter aufzubringen, schnellere Zersetzung im Winter; Vorsicht, wenn es sich verdichtet, kann das die Belüftung einschränken
Laub	8	**Bambusblätter** Beispiel für ein Material aus der Pflege des Gartens, vor allem im Frühling bei der Herstellung der Stützpflöcke	doppelte Aktion: zunächst zersetzen sich die Blätter, dann die kleinen Seitenstängel, die sehr holzig sind
	9	**Lindenblätter** im Herbst	geeignetes Material für den Bodenschutz im Winter, ein Teil der Blätter wird von den Regenwürmern genutzt
	10	**Maisstängel und -laub** Beispiel für Überreste einer Sommerkultur, die als Mulch dienen können	in etwa 10 cm lange Stücke schneiden
	11	**frischer Grünschnitt** im Frühling und Herbst, wenn rund um den Garten gesäubert wird	besser als Rasenschnitt, da er sich nicht verdichtet und daher gut durchlüftet ist; trocknet schnell nach dem Aufbringen, ist schön nahrhaft für die Regenwürmer
	12	**Brennnesselblätter** vor allem im Frühling und im Herbst	nährstoffreicher Mulch; Vorsicht beim Anfassen …

1
2
3
4
5
6
7
8
9
10
11
12

Stroh

Stroh hat wirklich die idealen Eigenschaften zum Mulchen. Früher, als die meisten Landwirte noch Getreide zum Brotbacken anbauten und das Stroh als Einstreu für ihre Tiere verwendeten, gab es überall Stroh. So konnte der eigene Gemüsegarten das ganze Jahr über damit versorgt werden.

Ideale Eigenschaften

Da man beim Mulchen vor allem den Boden schützen und die Verdunstung im Sommer verringern will, braucht man ein Material, das lange liegen bleiben kann. Also sollte es sich nicht zu schnell zersetzen und gleichzeitig eine gute Luftzirkulation gewährleisten. Dafür ist Stroh bestens geeignet: Die langen hohlen Halme sorgen für eine sehr gute Belüftung. Außerdem verhindert die glänzende, wie gewachst wirkende Oberfläche das Eindringen von Feuchtigkeit, sodass das Wasser rasch durch die Strohschicht abfließt.

In den folgenden Beschreibungen der Mulchmaterialien beziehen wir uns bei Vergleichen immer auf Stroh.

Wie soll man das Stroh verwenden?

Zupfen Sie es beim Ausbringen etwas auseinander, denn im Ballen war es oft mehrere Monate zusammengedrückt. Beim langfristigen Mulchen ist es manchmal erforderlich, nach einigen Monaten nachzulegen. Da wir die jungen Kulturpflanzen (zum Beispiel Tomaten) nicht behindern wollen, darf die erste Lage nämlich noch nicht zu dick sein. Eine nutzbringende Strohschicht muss mindestens 10 cm dick sein, und in sehr heißen Regionen sogar bis zu 20 cm. Bei Stroh besteht auch keine Gefahr, dass die Schicht zusammensackt (man darf sie natürlich nicht betreten).

Vorsichtsmaßnahmen

Besorgen Sie sich das Stroh bei einem Biobauern: So können Sie sicher sein, dass es nicht mit chemischen Produkten (mit Herbiziden, Fungiziden, Insektiziden) behandelt wurde. Achten Sie aber auch darauf, dass es nicht zu viele Ähren enthält, denn die darin enthaltenen Saatkörner können bei den idealen Feuchtigkeitsbedingungen unter dem Mulch sehr leicht keimen (allerdings lassen sich junge Getreidepflänzchen auch sehr leicht wieder ausrupfen). Bewahren Sie das Stroh trocken auf, da nasses Stroh sich schnell verdichtet und fault. Nach dem Ausbringen sollten Sie es nicht in den Boden einarbeiten, wenn Sie auf der Parzelle noch etwas säen wollen. Stroh enthält nämlich sehr wenig Stickstoff und nimmt daher, wenn es untergearbeitet ist, für seinen Zersetzungsprozess den gesamten im Boden enthaltenen Stickstoff auf, der so den anderen Pflanzen nicht mehr zur Verfügung steht (dies nennt man Stickstoffhunger*). Altes Stroh lässt sich dagegen sehr gut kompostieren.

Praktisch und nicht teuer
Ein kleiner Ballen Stroh kostet beim Landwirt ca. 2 Euro (im Gartencenter etwas mehr), er passt in den Kofferraum und reicht zum Mulchen von etwa 100 m² Gartenfläche.

Möglichst keine Ähren im Stroh …

Junges Gerstenpflänzchen, das im Stroh gekeimt hat

Alte Holzpflöcke halten die Mulchschicht aus Heu bei starkem Wind am Boden

Heu

Wenn Sie das Glück haben, in der näheren Umgebung von Wiesen zu wohnen, und das Mähgut dort nicht vollständig an Tiere verfüttert wird, nutzen Sie doch einfach diesen günstigen Vorrat an Heu.

Wie soll man das Heu verwenden?

Heu wird wie Stroh verwendet und lässt sich für alle Kulturpflanzen einsetzen. Es eignet sich vor allem für mittelfristiges Mulchen. Am Ende der Saison wird Heu von den Regenwürmern rascher in den Boden eingearbeitet als Stroh.

Vorsichtsmaßnahmen

Meiden Sie möglichst Heu, das viele Samen enthält, die anschließend unter dem Mulch leicht keimen. Kontrollieren Sie bei feuchtem Wetter die Unterseite der Mulchschicht, bevor es zu Verdichtung und Fäulnis kommt. Sortieren Sie stechende Pflanzen wie Disteln aus, denn das Anfassen ist unangenehm, vor allem wenn sie trocken sind.

Heu ist eine sehr gute Alternative zu Stroh.

Frisch geschnittenes Gras im Frühling zum Mulchen von Zuckerschoten

So sieht dasselbe Gras zehn Tage später aus

Frischer Grasschnitt

Im Frühling reichlich vorhanden

In der ersten Frühlingswärme, wenn der Boden noch schön feucht ist, wächst das Gras rund um den Garten äußerst schnell. Dieses Gras sollte man möglichst vor der Samenbildung schneiden. Es ist ein ausgezeichnetes Mulchmaterial für die ersten Kulturpflanzen des Jahres: Erbsen, Salat etc. Die Schicht braucht nicht dick zu sein, 2 bis 3 cm genügen, denn zu dieser Jahreszeit verdunstet das Wasser kaum. Beim ersten Mulchen des Jahres geht es nicht nur darum, den Boden zu schützen, sondern auch darum, die im Frühling sehr aktiven Regenwürmer mit Nahrung zu versorgen.

Vorsicht mit Rasenschnitt

Rasenschnitt kann verwendet werden, wenn einige Vorsichtsmaßnahmen beachtet werden. Er hat nämlich mehrere Nachteile im Vergleich zu Stroh: Er enthält besonders viel Stickstoff und ist oft sehr feucht, und außerdem fein und kurz. Eine zu dicke Schicht – das heißt mehr als 2 cm – verdichtet sich sehr schnell, es entsteht Wärme und aufgrund der geringen Dicke bildet sich innerhalb weniger Tage eine dunkle Kruste, die jegliche Luftzirkulation unterbindet. Um dies zu verhindern, sollten zwei Vorsichtsregeln eingehalten werden: den Rasenschnitt vor dem Mulchen immer erst einige Tage anwelken lassen, dabei mehrmals wenden, und nicht dicker als maximal 2 bis 3 cm aufbringen. So verhindert man Fäulnis, auch wenn die Schicht wieder von Regen durchnässt wird.

Ähren und Blätter von Zuckermais

Bohnenstroh

Reste von Gemüsepflanzen

Warum in die Ferne schweifen, wenn das Gute so nah liegt, das heißt in unserem Falle, wenn der eigene Garten Mulchmaterial produziert? Viele Reste von Gemüsepflanzen können zum Mulchen verwendet werden, vor allem im trockenen Zustand.

Je trockener, desto besser

Trockenes Material ist am zweckmäßigsten, da es länger hält und ähnliche Eigenschaften wie Stroh hat. Bohnenstroh, also die Stängel von Dicken Bohnen, eignet sich zum Beispiel sehr gut, denn es ist genau wie Stroh hohl und lang. Lassen Sie es am besten im Beet stehen und austrocknen, was Sie ja sowieso machen, wenn Sie von einigen Pflanzen Ihr eigenes Saatgut aufbewahren. Etwa zur selben Zeit können Sie auch das Stroh von Erbsenranken aus dem Beet nehmen und zur Seite legen. In wärmeren Gegenden trocknet es ja sehr schnell.

Im Zweifelsfall auf den Kompost!

Feuchtes oder von Krankheiten und Insekten befallenes Material gehört auf den Kompost, ebenso wie Küchenabfälle. Durch das Kompostieren wird der größte Teil der Krankheitserreger, die sich eventuell auf den Pflanzen befinden, abgetötet. Wenn Sie allerdings mit befallenen Pflanzenresten mulchen, kann es passieren, dass sich gewisse Krankheiten im gesamten Garten ausbreiten.

So mulchen faule Gärtner

Mulchen bedeutet den Boden zu schützen, und zwar aus allen im vorhergehenden Kapitel genannten Gründen. Normalerweise mulcht der Gärtner selbst, und zwar von Hand. Wenn Sie allerdings genügend Fläche besitzen und den Platz nicht für nachfolgende Kulturen benötigen, lassen Sie die Pflanzen doch einfach stehen, bis die Blätter abfallen und der Garten sich selbst mulcht! Eventuell können Sie etwas nachhelfen und die Stängel kürzen. Ansonsten lassen Sie einfach alles stehen: Mais, Bohnen, Spinat, geschossenen Kohl oder Salat etc.

Laub

Laub erinnert uns an den Ursprung des Mulchens: die universelle und natürliche Art und Weise, eine Bodenoberfläche mit Pflanzenabfällen zu bedecken, sei es im Herbst bei uns in den gemäßigten Breiten oder das ganze Jahr über in warmen Ländern.

Im Herbst fallen die Blätter ... genau zur richtigen Zeit

Das Laub bedeckt den Boden mit einem sehr nützlichen Mantel, der ihn vor winterlichen Witterungseinflüssen und vor allem vor starken Niederschlägen schützt. Es verhindert wirksam, dass der Regen die obersten Zentimeter Erde in die Wasserläufe davonschwemmt. Es dient auch als Nahrung für Regenwürmer, die sich nun in der Phase befinden, in der sie zum zweiten Mal im Jahr wieder sehr aktiv sind, das heißt zwischen dem zu trockenen Sommer und dem zu kalten Winter.

Das im Herbst gesammelte Laub ...

Aufsammeln und auf die Beete verteilen

Wenn Sie im Garten oder in der Nähe Bäume haben, sammeln Sie die Blätter auf, sobald sie in größeren Mengen gefallen sind. Verteilen Sie sie dann zwischen dem Herbst- und Wintergemüse (Salat, Möhren, Kohl, im Süden auch zwischen Erbsen und Dicken Bohnen etc.) und im Blumenbeet.

... ist ein gut geeignetes Mulchmaterial für den Winter

Möglichst ohne Nadeln von Nadelbäumen

Beim Zerfallsprozess geben die Blätter bzw. Nadeln Substanzen in den Boden ab, die für Ihre Erde oder Ihre Kulturpflanzen nicht immer geeignet sind. Dies ist vor allem bei Nadelhölzern der Fall. Ein regelmäßiges Ausbringen von Nadelholz kann Ihrem Boden auf Dauer zu viel Säure zuführen. Geben Sie sie also lieber auf den Kompost.

Efeu beschneiden und häckseln

Holzhäcksel

Wenn Sie einen Häcksler haben oder von Zeit zu Zeit einen solchen ausleihen, können Sie selbst Häcksel anfertigen, die ein ausgezeichnetes Mulchmaterial abgeben.

Für eine langfristige Mulchung

Holzerzeugnisse enthalten viel Lignin* und sie zersetzen sich langsamer als Stroh oder Heu, das mehr Cellulose* enthält. Es ist also zweckmäßiger, sie für eine langfristige bis sehr langfristige Mulchung zu verwenden (Erdbeeren, Sträucherbeete).

Vorsichtsmaßnahmen

Die in Gartencentern angebotenen Häcksler mit geringer Kapazität produzieren meistens sehr feine Häcksel. Vorsicht, nicht zu dick aufbringen, da sonst die Luftzirkulation unter der Mulchschicht eingeschränkt wird. Auch Rindenmulch ist nicht zu empfehlen, da er den Boden zu sehr versauert. Geben Sie ihn lieber auf den Kompost, denn die Kompostierung verringert die Säure. Mulchen Sie also immer mit Häckseln von Laubhölzern.

FZH und Mulchen

Verwechseln Sie nicht die FZH-Technik (fragmentiertes Zweigholz) mit Mulchen, auch wenn manchmal dieselben Materialien (junge fragmentierte Zweige) verwendet werden. Bei der FZH-Technik werden die Häcksel in die obersten 5 bis 10 cm eingearbeitet, während sie beim Mulchen auf der Bodenoberfläche liegen bleiben. Der wesentliche Unterschied ist, dass die Häcksel beim Mulchen sehr lange intakt bleiben, während sie bei der FZH-Technik rasch von Pilzen befallen werden, die sogleich die Zersetzung einleiten.

Pflanzlicher Mulch aus dem Handel

Pflanzlicher Mulch wird im Handel normalerweise in 50- oder 70-Liter-Säcken verkauft. Er wird meist aus Holzprodukten hergestellt und ist folglich recht dauerhaft. Neben der üblichen Pinienrinde gibt es mittlerweile neue Produkte: Hanfhäcksel, Kakaoschalen, Buchweizenspelzen und auch Schalen von Mandeln, Hasel- und Walnüssen, zerkleinerte Pfirsich- und Aprikosensteine …

Teuer, aber praktisch

Er ist nicht billig, hat aber den Vorteil, dass er gebrauchsfertig ist und sich als Trockenprodukt gut lagern lässt. Außerdem ist er kalibriert und leicht auszustreuen. Im Gartencenter finden Sie auch Strohballen, zwar ein bisschen teurer als beim Landwirt, aber eben praktisch, wenn man gerade kein Stroh mehr hat.

Nur für kleine Flächen

Diese Mulchmaterialien verwendet man wohl nur auf kleinen Flächen, da sie ja recht teuer sind. Sie eignen sich für Balkongärten, Quadratbeete und Blumenkästen.

Kakaoschalen

Hanfhäcksel

Kunststofffolie

Vor- und Nachteile

Der Vorteil der schwarzen Polyethylen-Folien ist, dass sie die Erde wirklich feucht halten und gleichzeitig schneller aufwärmen als jedes andere Material. Sie sind auch sehr wirksam gegen Beikraut. Aus ökologischer Sicht stellen sie jedoch keine zufriedenstellende Lösung dar (nicht-erneuerbarer Rohstoff, keine Recyclingkette), und auch für die Bodenlebewesen sind sie problematisch: Auf den ersten Zentimetern unter der Folie wird der Boden sehr stark erwärmt und im Vergleich zu durchlässigeren Materialien wie Stroh ist die Bodenlüftung vermindert.

Verschiedene Stärken

Der Gärtner hat die Wahl zwischen verschiedenen Stärken, die wiederum die Lebensdauer der Kunststofffolie bestimmen. Je dicker, desto langlebiger:

- 30–50 Mikron: für kurzlebige Kulturpflanzen, weniger als ein Jahr (Kürbisgewächse wie Melonen, Zucchini ...);
- über 50 Mikron (70–80 Mikron): ein bis zwei Jahre (Erdbeeren);
- über 80 Mikron (100–120 Mikron): für Bäume und Sträucher, zum Beispiel beim Pflanzen einer Hecke.

Garten-Vliese

Im Handel sind auch andere, wasser- und luftdurchlässige Produkte erhältlich, die gegen unerwünschte Beikräuter aber ebenfalls wirksam sind. Sie werden oft in Alleen eingesetzt, wo sie aus ästhetischen Gründen und zur Erhöhung der Lebensdauer mit Kies oder Rindenmulch bestreut sind.

Kunststofffolien haben sicher Vorteile, sind aber aus ökologischer Sicht nicht ganz unbedenklich

Biologisch abbaubare Folie

Seit einigen Jahren gibt es im Handel Mulchfolien, die im Gegensatz zu Kunststofffolien biologisch abbaubar sind. Biologisch abbaubar bedeutet natürlich kürzere Lebensdauer. Je nach Folientyp sind sie also für mehr oder weniger langlebiges Mulchen geeignet.

Mulchfolien, die weniger als ein Jahr halten: aus Papier oder Maisstärke

Diese dünnen Folien sehen aus wie Kunststofffolien und zersetzen sich relativ schnell, das heißt innerhalb von wenigen Monaten in regenreichen Gegenden. Sie eignen sich zwar gut für kurz- oder mittelfristiges Mulchen im Gemüseanbau, haben aber nicht mehr Vorteile als die natürlichen Mulchmaterialien aus Pflanzenabfällen – abgesehen davon, dass sie unerwünschtes Beikraut besser unterbinden, aber das auch nur in den ersten Monaten nach dem Ausbreiten. Für Erdbeeren sollte diese Art von Folie nicht verwendet werden, denn die bleiben ja zwei bis drei Jahre stehen und so lange hält die Folie nicht.

Mulchfolien für zwei oder drei Jahre: Geotextilvlies

Geotextilvliese bestehen aus verschiedenen organischen Fasern: Baumwolle, Leinen, Hanf, Jute ... Vliese mit Hanf oder Holzfasern haben eine längere Lebensdauer: je nach Stärke bis zu drei oder sogar vier Jahren. Verkauft werden sie von der Rolle oder als Platten. Sie eignen sich gut für das Pflanzen von Hecken, weil sie das Beikrautentfernen in der Anwachszeit überflüssig machen.

Lassen Sie sich nicht täuschen!
Nicht zu verwechseln sind die biologisch abbaubaren Folien mit gewissen sogenannten „biologisch fragmentierbaren“ oder „fotoabbaubaren“ Kunststofffolien. Hierbei handelt es sich um Folien, generell aus Polypropylen, die nach einigen Monaten in eine Vielzahl von kleinen Partikeln zerfallen. Diese sind dann zwar für das bloße Auge unsichtbar, existieren aber dennoch weiter, und das wahrscheinlich noch für sehr lange Zeit!

Wasserpflanzen: Brasilianisches Tausendblatt (*Myriophyllum aquaticum*)

Steinplatten

Andere Mulchmaterialien

Führt man sich noch einmal alle gängigen Mulchmaterialien vor Augen, stellt man fest, dass sich eine Vielzahl von Materialien zum Mulchen eignet. Die Möglichkeiten sind wirklich fast unbegrenzt. Als Abschluss dieses Kapitels stellen wir Ihnen nun noch einige andere vor, anschließend können Sie die lange Liste selbst fortsetzen! Die Grundregel lautet: Spaß haben am Recycling und an der Wiederverwertung, und auf die Qualität der Materialien achten. Danach braucht man sich meistens nur noch zwischen Mulchen und Kompostieren zu entscheiden.

Von Steinplatten bis zu Wasserpflanzen …

Solange das verwendete Material dem gewünschten Zweck entspricht und die Umwelt nicht in Mitleidenschaft gezogen wird, ist eigentlich alles möglich. Warum nicht mit Steinplatten „mulchen"? Auf einem Gartenweg oder unter mehrjährigen Pflanzen ist das sicherlich sehr wirksam, aber erwarten Sie nicht, dass die Regenwürmer einen solchen Mulch verspeisen … Wenn Sie dagegen im Herbst Wasserpflanzen ausbringen, geht es in erster Linie darum, die Regenwürmer mit Nahrung zu versorgen.

Karton

Alte Kartons halten sehr gut das Sonnenlicht vom Boden fern und können als Unkrautvertilger verwendet werden. Wenn Sie zum Beispiel eine verwilderte Wiese rekultivieren wollen, ist diese Methode hervorragend geeignet: Unter Lichtausschluss sterben die Pflanzen ab und anschließend lässt sich die Erde leichter auflockern. Vorsicht bei Kartons, die eingefärbt sind oder noch Klebstoffe enthalten. Alte Teppiche sind übrigens noch wirkungsvoller!

Sägemehl

Holz ist doch ein organischer Stoff, warum also kein Sägemehl verwenden? Ja, schon ... Aber ist Sägemehl auch luftdurchlässig? Diese Frage stellt sich natürlich, wie auch bei jedem anderen ungewöhnlichen Material, das eventuell zum Mulchen dienen könnte. In diesem Falle ist die Antwort eher „nein". Es ist zu fein und würde rasch eine Kruste an der Oberfläche bilden, genau wie Rasenschnitt. Der Zersetzungsprozess würde recht lange dauern, denn Sägemehl ist im Gegensatz zu Rasenschnitt sehr stickstoffarm. Wenn das Sägemehl außerdem noch von Nadelbäumen stammt, rate ich: Lassen Sie die Finger davon! Ihr Boden würde zu viel Säure bekommen.

Asche ...?

Hier ist die Antwort ganz eindeutig „nein"! Asche verdichtet sich noch mehr als Sägemehl, aber vor allem enthält eine Schicht Asche – auch wenn sie weniger als 1 cm dick ist – eine astronomische Menge an Kalium*, Kalzium und Magnesium, die das Gleichgewicht in Ihrem Boden völlig durcheinanderbringen würden. Die empfohlenen Mengen liegen eher bei einer Handvoll pro Quadratmeter. Ein bisschen Asche können Sie allerdings im Frühling vor dem Mulchen an die Erdbeeren geben.

Kompost

Warum nicht, wenn Sie wirklich zu viel davon haben. Aber eigentlich ist er zu schade dafür. Kompost gehört in den Boden und nicht darauf. Sie können ihn natürlich auf die Oberfläche geben und von den Regenwürmern einarbeiten lassen, aber wirksamer ist es, wenn Sie den Kompost mit appetitlicheren Dingen „belegen" (siehe S. 37 am Beispiel Wintersalat). Wenn er an der Oberfläche liegen bleibt, trocknet der Kompost ein, das erneute Befeuchten ist schwierig und er verliert Mineralstoffe. Bringen Sie ihn also besser vor dem Mulchen leicht mit einem Krail oder einem Rechen in die Erde ein oder bedecken Sie ihn mit Mulch, wenn Sie ihn an der Oberfläche lassen.

Ganz spezieller Mulch
... gegen Katzen

Alten Mulch kompostieren

Mulchmaterial kann auf zweierlei Weise enden: Entweder wird es von der Fauna und Flora des Bodens an Ort und Stelle verspeist oder es wird eingesammelt und beendet sein Leben im Komposthaufen.

Was versteht man unter „altem“ Mulch?

Wenn die gesamte Fläche Ihres Gartens kontinuierlich mit Pflanzenabfällen bedeckt ist, finden hier ähnliche Vorgänge wie in der freien Natur statt und Ihre Erde wird mit der Zeit immer reicher an Humus* (siehe auch Kasten auf der folgenden Seite).

Im März wird das Stroh vom vorjährigen Tomatenbeet eingesammelt

Neuer Komposthaufen aus altem Mulch

Ein bisschen Wasser dazugeben, denn das Stroh ist meistens trocken

Aber Ihre Mulchschicht ist oft zu dick und zersetzt sich nicht im selben Jahr. Viele Pflanzen lassen sich zwar direkt in einen noch bestehenden Mulch einsetzen – man braucht ihn nur ein bisschen auseinanderzuziehen – aber manche Bereiche im Garten müssen von Zeit zu Zeit unbedeckt sein, damit man neu einsäen kann. Der alte Mulch muss also erst mal entfernt werden. Dies gilt zum Beispiel für den Tomatenmulch vom letzten Jahr, der im Frühling mit dem Rechen eingesammelt wird, damit wieder gesät werden kann.

Alten Mulch möglichst nicht in den Boden einbringen …

Es wäre ja eigentlich sehr praktisch, den alten Mulch einfach an Ort und Stelle in den Boden einzuarbeiten. Warum nicht …, aber damit gehen Sie ein doppeltes Risiko ein. Das erste ist, dass Sie möglicherweise krankheitserregende Pilzsporen, die sich auf den gemulchten Pflanzen befinden, in den Boden bringen (Echter oder Falscher Mehltau etc.). Im Boden leben die Sporen weiter, während sie im Kompost abgetötet werden. Das zweite Risiko ist der Stickstoffhunger, der wahrscheinlich für die folgenden Pflanzen entsteht.

… es sei denn, Sie bestellen den Boden nicht sofort wieder

Wenn der Boden nicht sofort wieder bestellt wird, könnte man den alten Mulch einarbeiten. Der Stickstoffhunger ist dann kein Problem, wohl aber die krankheitserregenden Pilzsporen. Also am besten nur einarbeiten, wenn die vorhergehenden Kulturpflanzen gesund waren. Zur Beschleunigung des Zerfallsprozesses des alten Mulchs kann ein Gründünger auf Hülsenfruchtbasis gesät werden.

Gartensanierung durch Mulch und Kompost

Für eine umfassende Gartensanierung ist es am besten, wenn der alte Mulch kompostiert wird: Die Sporen, die ohne Mulchen in die Erde abgewandert und dort wahrscheinlich mehrere Jahre hintereinander verblieben wären, werden gewissermaßen vom Mulch absorbiert und im Kompost abgetötet.

Was in der freien Natur vor sich geht

Im Wald sammelt keiner die Blätter auf, die jedes Jahr herabfallen. Sie verrotten an Ort und Stelle (siehe S. 34). Dieser Zersetzungsprozess unter der Streuschicht aus Laub ähnelt dem, der im Kompost stattfindet. Nach und nach wandeln sich die pflanzlichen organischen Stoffe, die hauptsächlich aus Cellulose und Lignin bestehen, in den sehr zersetzungsresistenten Humus um.

Die Mulch-verfahren

- Die Grundlagen der Mulchtechnik
- Sehr langfristiges Mulchen (länger als ein Jahr)
- Langfristiges Mulchen (sechs Monate bis ein Jahr)
- Mittelfristiges Mulchen (vier bis sechs Monate)
- Kurzfristiges Mulchen (weniger als vier Monate)
- Was nicht gemulcht wird

Die Grundlagen der Mulchtechnik

Der Ablauf ist der gleiche, egal was angebaut wird

Ob für einige Monate oder für mehr als ein Jahr gemulcht wird, das Verfahren und der Ablauf sind gleich:

1 Beikrautentfernen

Wir haben bereits gesehen, dass Mulch bei Berücksichtigung einiger Regeln den Beikrautwuchs nachhaltig reduziert. Sehr wichtig ist, dass alle Beikräuter vor dem Mulchen äußerst sorgfältig entfernt werden, denn Mulchen tötet nicht bereits gewachsenes Beikraut ab, sondern reduziert nur das Nachwachsen (was ja schon viel wert ist). Das gründliche Beseitigen von Beikraut und vor allem von Wurzeln und Rhizomen der mehrjährigen Pflanzen wie Brombeergestrüpp oder Quecken ist vor dem Ausbringen eines langfristigen Mulchs ganz besonders wichtig.

2 Hacken

Ist der Boden an der Oberfläche verdichtet, muss vor dem Ausbringen der Mulchschicht noch ein letztes Mal gehackt werden, denn später ist es natürlich nicht mehr möglich. Vor dem Mulchen zu hacken begünstigt den Austausch zwischen Boden und Atmosphäre und bietet den Lebewesen, die sich unter dem Mulch ansiedeln werden (Laufkäfern zum Beispiel) günstigere Lebensbedingungen. In diesem Stadium muss der Kompost aufgebracht werden, zum Beispiel bei Erdbeeren. Denken Sie auch daran, dass manche Kulturen (wie Kartoffeln oder Bohnen) vor dem Mulchen vielleicht noch angehäufelt werden müssen.

3 Das passende Mulchmaterial auswählen

Wählen Sie, je nachdem wie lange der Mulch auf dem Beet verbleiben soll, das richtige Material aus: eher fein, wenn der Mulch nicht so lange bleiben soll (Heu oder Rasenschnitt), eher grober, wenn er länger halten soll (Stroh), und ziemlich widerstandsfähig, wenn er sehr lange halten soll (Rindenmulch, Holzhäcksel).

4 Wenn nötig, den Mulch erneuern

Bei Mulch, der lange liegen bleiben soll, wird es oft nötig sein, nach einigen Monaten nachzulegen. Ein einmaliges Nachlegen genügt aber meistens. Nehmen wir Tomaten als Beispiel: Der Mulch verdichtet sich nach einigen Wochen, und da die Pflanze beim Setzen noch recht klein war, konnte nicht sofort die für einen wirksamen Schutz erforderliche Lage (20 cm) aufgebracht werden. Beim Nährstoff-Mulchen kann es erforderlich sein, den Regenwürmern erneut etwas zu „futtern" zu geben, wenn sie die erste Lage rasch unter die Erde gezogen haben.

5 Kontrollieren, ob die Mulchschicht noch ihren Zweck erfüllt

Es ist immer zweckmäßig, von Zeit zu Zeit den Mulch anzuheben und nachzusehen, wie es darunter aussieht, vor allem mitten im Sommer. So kontrolliert man, ob der Boden noch ausreichend feucht ist oder ob eventuell gegossen werden muss.

1

2

5

3

4

Mulch an die gewünschte Dauer anpassen

Je nach Kultur sind die Anforderungen an den Mulch unterschiedlich und somit auch an das Material. In der untenstehenden Tabelle haben wir die in diesem letzten Kapitel vorgestellten typischen Beispiele zusammengefasst. Oben in der Tabelle finden Sie die längste Mulchdauer (länger als ein Jahr), dann die langfristige (sechs Monate bis ein Jahr), die mittelfristige (vier bis sechs Monate) und die kurzfristige (unter vier Monaten). Das Kapitel endet mit den wenigen Fällen, in denen Mulchen nicht nötig ist bzw. sogar schadet.

Typische Beispiele für mehr oder weniger dauerhaften Mulch, für verschiedene Zwecke, mit entsprechendem Material			
Dauer	**typische Beispiele**	**Zweck**	**geeignetes Material**
sehr langfristig (> 1 Jahr)	Rosen	• Eindämmung von Beikraut • Bodenschutz • Wasserersparnis im Sommer	Rindenmulch, Holzhäcksel
	Erdbeeren	• Eindämmung von Beikraut • Wasserersparnis im Frühling und im Sommer • Bekämpfung von Krankheiten und Schädlingen • saubere Früchte	Rindenmulch, Holzhäcksel, Stroh, wenn es jedes Jahr ausgewechselt wird
langfristig (6 Monate bis 1 Jahr)	Tomaten	• Wasserersparnis im Sommer • Eindämmung von Beikraut • Kampf gegen Falschen Mehltau • Bodenschutz während des Anbaus • Bodenschutz nach dem Anbau	Stroh, Heu
mittelfristig (4 bis 6 Monate)	Kartoffeln	• Wasserersparnis im Frühling und im Sommer • Kampf gegen Falschen Mehltau • Eindämmung von Beikraut • Bodenschutz	Stroh, Heu
	Wintersalate	• Bodenschutz • Eindämmung von Beikraut • Regenwürmer mit Nahrung versorgen	frischer Gras-/Wiesenschnitt, Laub
kurz-fristig	Frühjahrssalate	• Eindämmung von Beikraut • Bodenschutz • Wasserersparnis • Regenwürmer mit Nahrung versorgen	Heu, frischer Gras-/Wiesenschnitt, Rasenschnitt
kein Mulch	Sommeraussaaten (Möhren)	• Bodenoberfläche feucht halten	Treppen, Steigen oder Gemüsekisten zur Schattenbildung im Sommer
	Radieschen	• Mulchen unnötig, da die Kulturdauer unter einem Monat liegt	-
	unbedeckter Boden	• Lehmböden brauchen den Wechsel von Frostperioden und frostfreien Perioden im Winter	-

Mulchdauer und Kulturdauer

Die Mulchdauer stimmt nicht unbedingt mit der jeweiligen Kulturdauer überein. Wenn am Ende einer Kultur der Platz nicht sofort für eine neue benötigt wird, empfiehlt es sich, den Mulch liegen zu lassen, damit er weiter den Boden und die dazugehörigen Bodenlebewesen schützt. Dies gilt vor allem zu Beginn des Winters, wenn aufgrund der niedrigen Temperaturen keine weiteren Kulturen mehr möglich sind. Wir zeigen Ihnen dieses Prinzip anhand eines Tomatenmulchs, der bis zum darauffolgenden Frühjahr liegen bleibt. Für mehrjährige Kulturen gilt das Gegenteil: Der für mehrere Jahre ausgebrachte Mulch muss erneuert werden, denn selbst wenn er aus sehr resistenten Materialien besteht, kann er nicht so lange wie die jeweiligen Pflanzen an Ort und Stelle bleiben. Er wird teilweise durch den Boden zersetzt und sammelt auch gewisse Beikräuter an.

An das Klima anpassen

Natürlich hat das Mulchen je nach Klimazone verschiedene Funktionen. In einer warmen Klimazone sind Wasserersparnis und Schutz des Bodens vor Sonneneinstrahlung das wichtigste Kriterium. In nördlicheren Breiten geht es mehr um Beikrauteindämmung. Ratschläge, die für eine Region zweckmäßig sind, muss man für eine andere flexibel anpassen. Die Kunst des Mulchens erfordert eben eine gewisse Beobachtungsgabe.

Wie dick soll die Mulchschicht sein?

Das ist oft die erste Frage, wenn es um die praktische Handhabung geht. Wenn man erst einmal etwas Erfahrung gesammelt hat, stellt sich diese Frage eigentlich gar nicht mehr. Die Antwort hängt vom Zweck des Mulchens und vom verwendeten Material ab. Je feiner das Material, desto weniger dick sollte die Schicht sein, damit die Luft noch gut zirkulieren kann. Die Dicke steht auch mit der gewünschten Dauer in Verbindung. In den folgenden Beispielen machen wir präzise Angaben zur empfohlenen Schichtstärke.

20 cm	typisches Beispiel für Stroh; langfristig
10 cm	Beispiel für Heu; mittelfristig
2 cm	Beispiel für bodennährenden Mulch aus frischem Grasschnitt; kurzfristig

Oft wird davon abgeraten, Zwiebeln zu mulchen. Ich mulche sie jedoch, gieße sie dann aber bis zur Ernte nicht mehr. So nutzen sie die noch feuchte Frühlingserde. Damit sie bei starkem Regen nicht faulen, pflanze ich sie etwas erhöht auf einem kleinen Hügel.

Sehr langfristiges Mulchen (länger als ein Jahr)

Auf sehr lange Dauer angelegter Mulch, das heißt länger als ein Jahr, aber besser noch zwei oder drei Jahre (also genauso lange, bis der Mulch wieder erneuert werden muss), ist hauptsächlich für mehrjährige Pflanzen bestimmt: Ziersträucher wie Rosen, Kornelkirschen, Holunder etc., aber auch niedrige Obststräucher wie Himbeeren, Rote und Schwarze Johannisbeeren etc.

Mulch, der sich ganz langsam zersetzt

Da der Mulch ja lange halten soll, müssen Materialien ausgewählt werden, die den Wetterbedingungen bestmöglich standhalten. Das erste Kriterium ist die Größe der Mulchbestandteile, die sogenannte „Korngröße": Sie müssen möglichst grobkörnig sein. Ein 10 cm langes Stück Rinde benötigt wesentlich mehr Zeit, bis es zersetzt ist, als ein kleines, 1 cm langes. Auch die Zusammensetzung des Materials ist wichtig: Da Holziges schwieriger zu zersetzen ist, sollte man eher zu Produkten auf Rinden- oder Holzhäckselbasis greifen.

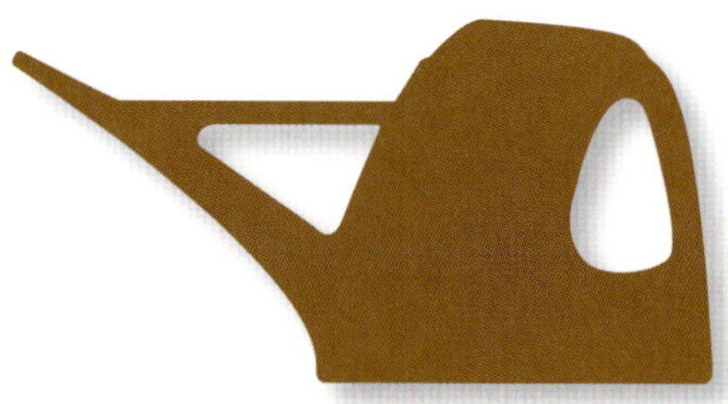

Mulch erneuern oder nicht? Kommt auf den Zweck an ...

Je nach Zweck des langfristigen Mulchens werden Sie den Mulch gegebenenfalls erneuern müssen. Beim Anlegen einer Hecke ist das Erneuern nicht unbedingt sinnvoll, denn das Mulchen ist vor allem in der ersten Anwachsphase wichtig, wenn unerwünschtes Beikraut eingedämmt werden und der Boden feucht bleiben soll. Sobald die Hecke kräftig genug ist – generell nach etwa drei Jahren – ist Mulchen nicht mehr nötig. Bei mehrjährigen Pflanzen allerdings, die mehr Pflege benötigen, wie zum Beispiel Beerensträucher, muss der Mulch regelmäßig erneuert werden, etwa alle zwei Jahre.

Mulchen oder Begrünung?

Bei manchen Bereichen im Garten stellt sich die Frage, ob Mulchen die beste Lösung zum Bedecken des Bodens ist. Auf Gartenalleen zum Beispiel, zentral oder am Rand, ist es vielleicht praktischer, das Gras einfach wachsen zu lassen und den Weg nur hin und wieder zu mähen. Wenn die Wege regelmäßig umgelegt werden, ist es besser, sie mit Mulch zu bedecken.

Das Gleiche gilt für weniger zugängliche Bereiche im Garten und für Baumgruppen oder Sträucher. Mulchen kann hier eine Lösung sein, braucht aber generell mehr Pflege als Bodendecker (siehe S. 21).

Beispiel Rosenstrauch

20 cm

Die Rose ist eine rustikale Pflanze, die abgesehen vom Schneiden nicht viel Pflege braucht. Durch ihr verzweigtes Wurzelwerk holt sie sich das Wasser tief im Boden von weit her. Nach dem Frühjahrsschnitt ist die Bodenoberfläche allerdings gut besonnt, und zwar so lange, bis die Blätter nachgewachsen sind. Sonneneinstrahlung plus Frühjahrsregen sorgen dafür, dass das Gras kräftig wächst. Eine Mulchschicht kann diesen Grasbewuchs eindämmen und spart gleichzeitig Wasser in der folgenden Jahreszeit.

1 **Beikraut bis in die Tiefe gründlich entfernen.** Je besser die Erde rund um den Rosenstrauch von Wurzeln und Rhizomen unerwünschter Pflanzen befreit ist, desto wirkungsvoller ist der Mulch auf Dauer gesehen.
Das ist eine wichtige Etappe, denn wenn der Boden um den Rosenstrauch längere Zeit nicht gesäubert worden ist, haben sich bestimmt mehrjährige Pflanzen wie Brombeergestrüpp oder Quecken angesiedelt. Man muss sorgfältigst so viele Wurzeln und Queckenrhizome wie möglich entfernen, sogar bis in 15 cm Tiefe, ohne dabei das Wurzelsystem des Rosenstrauches zu verletzen.

2 **Kompost aufstreuen.** Bei grobkörnigem Mulchmaterial – das wir ja für eine dauerhafte Schicht empfehlen – darf man nicht vergessen, vor dem Abdecken mit Mulch eine ordentliche Menge Kompost aufzustreuen. In den nächsten zwei bis drei Jahren wird dies nicht mehr möglich sein, es sei denn, Sie ziehen den Mulch auseinander, was aber ziemlich umständlich ist. Verwenden Sie ungesiebten Kompost: Das spart Zeit und er hat einen besseren Langzeiteffekt.

3 **Mulchmaterial aufbringen.** Verwenden Sie einen holzigen, möglichst groben Mulch und streuen Sie ruhig dick auf, bis zu 20 cm. Ich habe hier die Reste genommen, die bei einer Lieferung von Brennholz mit viel Rinde anfielen. Bei Heu oder Stroh müssen Sie mindestens einmal im Jahr neu mulchen.

4 **Pflege.** Trotz anfänglicher guter Beikrautentfernung werden nach einigen Monaten einige Gräser aus dem Mulch herausragen. Wenn im umliegenden Rasen beispielsweise Quecken sind, neigen diese natürlich dazu, wieder zum Rosenstrauch hinzuwachsen. Von Zeit zu Zeit müssen Sie also rund um den Mulch auf die Jagd nach Quecken gehen. Ideal ist es, eine kleine unterirdische Mauer zu errichten, zum Beispiel mit Ziegeln, die Sie in Längsrichtung in den Boden drücken, um das Eindringen der Rhizome zu bremsen. Mit Brettern geht es zwar auch, aber durch die Feuchtigkeit weichen sie irgendwann auf und die Quecken wachsen dennoch durch.

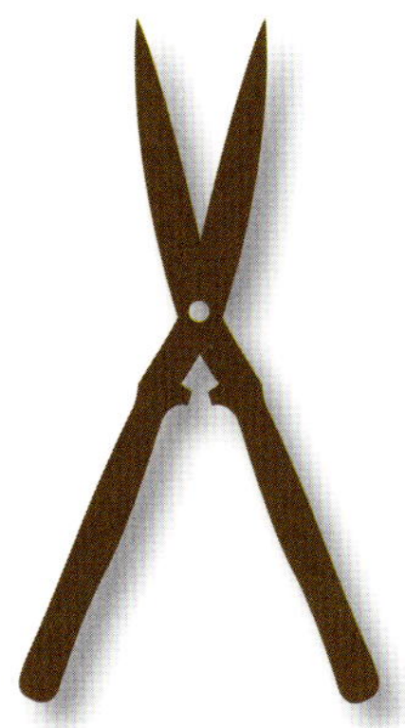

1

2

3

4

Beispiel Erdbeeren

10 cm

Die Erdbeerpflanze ist das typische Beispiel für die Mulchtechnik. Sie wird für rund drei Jahre gepflanzt, kann aber im Idealfall auch fünf Jahre lang Früchte tragen, und die Bekämpfung der Begrünung ist folglich immer problematisch. Für schöne Früchte braucht die Pflanze auch recht viel Wasser, also gibt es für saubere und gesunde Früchte nichts Besseres als einen guten Mulch unter reifen Erdbeeren. So kann man sie direkt beim Pflücken essen, ohne erst die Erde abspülen zu müssen. Außerdem faulen sie nicht, da sie nicht mit der feuchten Erde in Berührung kommen.

1 **Beikraut gründlich entfernen.** Die Beikrautentfernung ist immer die unumgängliche Etappe vor dem Mulchen, vor allem bei Erdbeerpflanzen. Da für einen reichen Ertrag ausreichend gegossen werden muss, besteht auch das Risiko, dass eventuell schon gekeimtes Beikraut wieder nachwächst.

2 **Asche streuen.** Erdbeerpflanzen mögen Kalium. Um viele Früchte zu tragen, müssen die Pflanzen zunächst viele Blüten ausbilden, wobei Kalium unterstützend hilft. Asche enthält viel Kalium und ist daher ideal. Streuen Sie sie auf, bevor Sie den Kompost aufbringen.

3 **Kompost zugeben.** Erdbeerpflanzen schätzen auch Kompost. Streuen Sie ihn auf die Oberfläche, ohne ihn einzuarbeiten, denn die Wurzeln der Erdbeerpflanze liegen sehr hoch.

4 **Pflanzen mit Mulch bedecken.** Für die Erdbeerpflanzen sind mehrere Mulche geeignet (hier ein Versuch mit Bambusstängeln). Alle erfüllen ihren Zweck und vermindern die Begrünung. Erdbeeren zu mulchen ist auch deshalb so wichtig, weil eine konstante Feuchtigkeit beibehalten wird, die den Erdbeeren sehr zuträglich ist, da sie ja ursprünglich eine Pflanze aus dem Unterholz der Wälder ist.

Kunststofffolie oder nicht?
Kunststofffolie ist das wirksamste Mittel gegen nachwachsendes Gras. Bei Erdbeerpflanzen hat sie jedoch einen großen Nachteil (abgesehen davon, dass sie nicht recyclingfähig ist): Sobald sie ausgebreitet ist, kann kein Kompost mehr aufgebracht werden. Drei Jahre ohne Kompost sind für eine Pflanze, die viel produziert, vor allem wenn es sich um remontierende Erdbeeren handelt, sehr lang. Bei einem pflanzlichen Mulch kann hingegen jedes Frühjahr, wenn man das Erdbeerbeet säubert, Kompost zugegeben werden.

Beim Herausgeber der französischen Ausgabe dieses Buches bevorzugen die Erdbeeren Häcksel
Drei Jahre lang hat der Verlag TERRE VIVANTE in seinen Gärten fünf verschiedene Mulchmaterialien getestet (Kunststofffolie, Stroh, Hanfhäcksel, Nadelbaumhäcksel, Torferde) und Vergleiche mit nicht gemulchten Pflanzen durchgeführt. Die Nadelbaumhäcksel, gefolgt von der Torferde, haben die besten Ergebnisse gebracht, was Früchteproduktion, Begrenzung der Begrünung und Rankenproduktion betrifft.

Langfristiges Mulchen (sechs Monate bis ein Jahr)

Das geläufigste Mulchverfahren

Diesen Mulch bringt man im Frühling für die Sommerkulturen auf und kann ihn bis zum Herbst und Winter noch liegen lassen. Langfristiges Mulchen betrifft die meisten längeren Sommerkulturen: Auberginen, Paprika, Kürbisgewächse, Sellerieknollen oder Lauch (Porree). Das typische Beispiel sind Tomaten, wie wir auf den folgenden Seiten noch sehen werden.

Stroh oder Heu?

Jede Art von Mulchmaterial ist geeignet, aber Stroh ist als Sommermulch besonders günstig. Heu ebenfalls, und im Gegensatz zu Stroh versorgt Heu sogar im Herbst (bei milderem Klima auch im Winter) die Regenwürmer besser mit Nahrung.

Pflege

Je nach verwendetem Material und je nach Dicke beim Aufbringen muss nach einigen Monaten oft eine Lage nachgelegt werden. Sie können hierzu den umliegenden Mulch weiterverwerten, der bei Ihren kürzeren Kulturen frei wird (Kartoffeln, Zwiebeln, Erbsen etc.). Achten Sie aber darauf, mit einem solchen Mulch keine Krankheiten zu übertragen (zum Beispiel Sporen von Falschem Mehltau von Kartoffeln auf Tomaten). Im Zweifelsfall sollte neues Material verwendet werden. Resistente Beikräuter wie Quecken oder Ackerwinden müssen Sie in dieser Zeit sicherlich ein- oder zweimal ausrupfen.

Sellerieknollen brauchen konstante Feuchtigkeit, da ist eine dicke Mulchschicht während der gesamten Kulturzeit ideal

Lauch (Porree) wird ganz zu Anfang des Sommers pikiert. Der Mulch bleibt bis zum Winter liegen und schützt ihn in der ersten Wachstumsphase vor der Sommerhitze und am Ende gegen die Kälte

Auberginen und Paprika: Mulch von Frühling bis Herbst

Beispiel Tomaten oder: Wie man Mulchen lernt

20 cm

Wenn Sie noch nie gemulcht haben und sich fragen, mit welcher Kultur Sie beginnen sollen, nehmen Sie Tomaten, da können Sie nichts falsch machen! Diese Pflanze bietet alle Voraussetzungen, um bestmöglichen Nutzen aus dem Mulchen zu ziehen: Sie produziert über lange Zeit Früchte, sie braucht viel Wasser, ihr Wurzelwerk braucht einen wirksamen Schutz, die Blätter dürfen nicht feucht werden und ihr Mulch kann wiederverwertet werden ...

Schon beim Einpflanzen mulchen

1 Mulchen ist für Tomaten ganz besonders wichtig, da sie ihre Wurzeln ganz nah an der Bodenoberfläche ausbilden. Daher empfiehlt es sich auch, den Stiel beim Einpflanzen etwas tiefer in die Erde zu setzen, denn nur so ist eine kräftige Wurzelbildung gewährleistet.

2 Vor dem Mulchen reichlich wässern: So kommt erstens ein besserer Kontakt zwischen Wurzeln und Erde zustande, zweitens brauchen Sie dann ca. zehn Tage nicht gießen und drittens lassen sich die Pfähle leichter in die Erde rammen.

3 Bringen Sie den Mulch unverzüglich auf. Wenn Sie beschlossen haben, Ihre Tomaten einzupflanzen, heißt das, dass der Boden ausreichend aufgeheizt ist. Deshalb besteht auch kein Grund, mit dem Mulchen noch länger zu warten. Sie sparen sofort Wasser, denn Sie erhalten die Wasservorräte, die sich durch die Frühjahrsregenfälle im Boden angesammelt haben. Da die Tomatenpflänzchen beim Aussetzen sehr niedrig sind und zudem noch tief gesetzt werden müssen, können allerdings die für einen wirksamen Mulch erforderlichen 20 cm nicht sofort aufgebracht werden. Dazu kommt, dass die ersten Blätter zu Beginn sehr nah am Boden sind.

4 Also muss im Sommer nachgemulcht werden, etwa einen Monat nach dem Auspflanzen, wenn die Pflanzen kräftig genug sind.

Stroh: ideal für Tomaten
Womit sollte man Tomaten mulchen? Na ganz einfach mit Stroh. Andere Materialien sind natürlich möglich, aber Stroh ist wirklich ideal, da es nach jedem Gießen schnell trocknet und nicht zusammensackt.

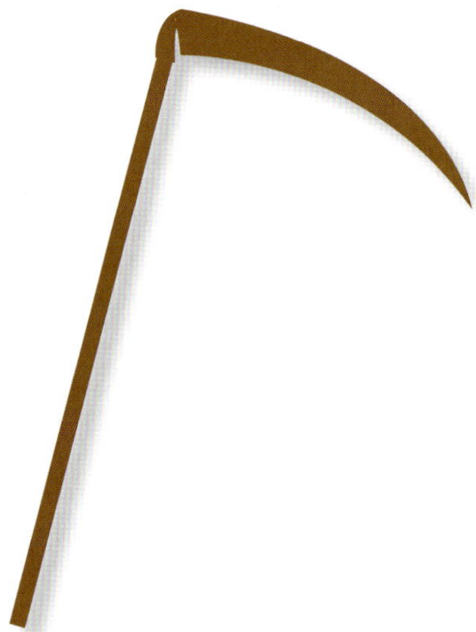

1

2

3

4

Mulchen fördert das Wachstum der Adventivwurzeln (hier seitlich freigelegt), …

… sorgt für konstante Feuchtigkeit am Fuß der Pflanze …

… und durch geringe Luftfeuchtigkeit bleibt das Blattwerk gesund

Gute Gründe, Tomaten zu mulchen

Wurzeln bleiben kühl …

Das Besondere an Tomaten ist, dass sie ihre Wurzeln an der Basis der Stiele bilden, die sogenannten Adventivwurzeln*. Bei der Versorgung der Pflanze mit Wasser und Nährstoffen muss man also sehr vorsichtig sein, da die Wurzeln wirklich nur einige Millimeter unter der Bodenoberfläche wachsen. Das Wichtigste: Man darf sie natürlich nicht aus Versehen abtrennen. Deshalb wird vom Hacken am Fuß der Pflanze völlig abgeraten. Mulchen ist folglich ein sehr sinnvoller Ersatz für das Hacken, denn die idealen Bedingungen für die Adventivwurzeln bleiben erhalten: konstante Feuchtigkeit, milde Temperaturen.

… und Blätter bleiben trocken

Eine weitere Besonderheit der Tomaten ist, dass sie sehr anfällig für den Falschen Mehltau sind, einen krankheitserregenden Pilz, der sich im Sommer bei hoher Luftfeuchtigkeit (zum Beispiel nach einem Gewitter) sehr schnell ausbreitet und zur Kraut- und Braunfäule führt. In Form von Sporen lebt dieser Pilz im Boden. Mulchen wirkt zweifach gegen diesen Mehltau: Erstens begrenzt es die Ausbreitung der Sporen auf die Blätter, da die Höhe der Mulchschicht allein schon eine wirksame physische Grenze darstellt, und zweitens reduziert es die Feuchtigkeit um die Blätter, was das Risiko der Pilzausbreitung ganz erheblich senkt. Der Boden unter dem Stroh ist feucht, aber die Luft darüber ist trocken, und selbst nach einem Regenguss oder nach dem Wässern trocknet Stroh schnell und senkt so die Luftfeuchtigkeit auf das richtige Niveau ab.

Von Mai bis März: 10 Monate wirksamer Schutz

Nehmen Sie den Mulch am Ende des Sommers nicht ab, sondern lassen Sie ihn bis zum nächsten Frühjahr liegen. Die Tomatenkultur erstreckt sich normalerweise bis in den Herbst hinein, zu dem Zeitpunkt kann man noch die letzten Tomaten ernten – vor allem Kirschtomaten. Vor dem ersten Frost können noch alle grünen Tomaten, die keine Zeit zum Reifen hatten, abgenommen werden (für Konfitüre zum Beispiel). Nach Tomaten ist es also eigentlich unmöglich, noch etwas anderes zu säen oder zu pflanzen. Lassen Sie getrost den Mulch liegen: Er lebt sein Leben weiter und schützt den Boden auf eine andere Weise.

Saubere und gut strukturierte Erde

Den Mulch liegen zu lassen hat den nicht zu verachtenden Vorteil, dass der Garten weniger von Beikraut überwuchert wird, denn die Strohschicht verhindert größtenteils das Keimen im Herbst oder zu Beginn des Frühlings, wenn die Temperaturen langsam steigen. Außerdem schützt der Mulch die Bodenoberfläche vor dem Winterregen, die krümelige* Struktur bleibt erhalten und die Bodenerosion wird gestoppt.

Ein ökologisch sinnvoller Unterschlupf für alle Nützlinge

Nicht nur der Boden ist geschützt, sondern auch das Leben im Boden und direkt an der Oberfläche. Wenn Sie den Mulch anheben, kommt ein komplettes Ökosystem ans Licht: Asseln, Laufkäfer, Tausendfüßler und Blindschleichen. Die meisten dieser Tiere sind sehr nützlich für den Garten, vor allem, weil sie alle Schneckeneier auffressen.

Ab auf den Kompost!

Alter Mulch besteht hauptsächlich aus dem sogenannten „grauen Stroh". Es ist ideal für den Komposthaufen, denn die Verrottung hat bereits eingesetzt und wird im Kompost noch beschleunigt. Leicht gießen, wenn das Stroh trocken ist.

Den Mulch nach der letzten Ernte den ganzen Winter liegen lassen

Die Erde unter dem Mulch ist schön krümelig

Eine Familie von Blindschleichen hat sich unter dem Mulch angesiedelt

Entfernen Sie den alten Mulch erst im darauffolgenden Frühjahr

Junge Brokkolipflanze

Rote Bete zu Beginn des Winters

Mittelfristiges Mulchen (vier bis sechs Monate)

Eine relativ kurze Kulturdauer ist kein Grund nicht zu mulchen. Im Frühling können Sie durch das Mulchen bei manchen Kulturen mit kurzem Zyklus (wie Erbsen oder Zwiebeln) fast ganz auf das Gießen verzichten, da der Mulch das Verdunsten des im vergangenen Winter gespeicherten Wassers stark einschränkt. Im Sommer wachsen die Pflanzen schnell, verbrauchen aber auch viel Wasser. Das Mulchen spart viel Gießwasser ein. Mais ist ein sehr gutes Beispiel dafür.

Heu im Frühling und im Sommer, Laub im Herbst

Das ideale mittelfristige Mulchmaterial im Frühling und Sommer ist Heu. In diesen Monaten ist es leicht zu bekommen, es ist fast überall vorhanden, und die Struktur eignet sich gut für einen Mulch, der auf eine Dauer von etwa sechs Monaten ausgelegt ist. Zum Herbstbeginn, wenn die ersten Blätter fallen, verwenden Sie dieses Laub ruhig zum Mulchen von Roter Bete, Wintermöhren, Meerrettich und Wintersalaten.

Mulch recyclen

Stroh oder Heu, die weniger als sechs Monate lang benutzt wurden, können generell für eine andere Kultur wiederverwendet werden: entweder für Pflanzen mit längerer Kulturdauer, die gerade einen neuen Mulch benötigen, oder für einen ganz neuen Kulturzyklus. Natürlich muss der Mulch gesund sein, das heißt, die vorher abgeerntete Pflanze darf nicht von Krankheiten befallen gewesen sein. Bei Mehltau-Befall auf Kartoffeln zum Beispiel sollte der alte Mulch lieber auf den Kompost gegeben werden.

Mit Bambusblättern gemulchte Erbsen

Mulch aus Heu unter Kichererbsen (links) und Zwiebeln (rechts)

Mais benötigt sehr viel Wasser. Mulchen ist hier besonders wichtig

Heumulch an einer Reihe Möhren

1

2

3

4

Beispiel Kartoffeln

20 cm

Beim Kartoffelanbau denkt man nicht unbedingt an Mulchen. Kartoffeln werden eigentlich nicht gemulcht, um unerwünschtes Beikraut zu reduzieren, da dies ja größtenteils beim Anhäufeln entfernt wird. Außerdem beschattet das Blattwerk die Bodenoberfläche gut. Mulchen ist aber dennoch sinnvoll: Es hält die Feuchtigkeit im Boden. Wie auch bei anderen Frühlingskulturen dient Mulchen hier dazu, dass die Kartoffelpflanzen die Bodenfeuchtigkeit länger nutzen können. Vor allem bleibt diese Feuchtigkeit tief im Boden erhalten, was den Befall mit Mehltau hinauszögert.

Das Aufbringen der Mulchschicht

1. Warten Sie, bis die Kartoffelpflanzen genügend ausgetrieben haben (das Pflänzchen auf dem Foto ist noch zu jung, um gemulcht zu werden). Kartoffeln gedeihen gut, wenn sie angehäufelt werden (siehe nebenstehender Text). Würde man vor dem Anhäufeln mulchen, müsste man den Mulch zum Anhäufeln erst wieder abnehmen oder man würde gänzlich auf das Anhäufeln verzichten. In der Wachstumsphase der jungen Pflänzchen, während des ersten Monats also, müssen Sie ein- oder zweimal hacken.

2. Häufeln Sie an und bringen Sie direkt anschließend den Mulch aus.

3. Heumulch eignet sich sehr gut für den Kartoffelanbau: Er lässt sich leicht verteilen und beschädigt die Blätter nicht, die beim Anhäufeln schon gut entwickelt sind. Auch bei der Ernte ist Heu angenehmer zu handhaben als Stroh.

4. Unter dem Mulch entsteht eine reichhaltige Ernte.

Warum häufelt man die Kartoffeln an?
Anhäufeln bringt einen größeren Ertrag an Knollen, und das in einer geschmeidigeren Erde, die bis dicht an den Pflanzenstiel reicht. Das Risiko, dass die Knollen sich unter Lichteinfluss grün verfärben, ist bei gut angehäufelten Kartoffeln fast null.

Kurzfristiges Mulchen (weniger als vier Monate)

Kurzfristiges Mulchen dient generell eher dazu, den Boden zu schützen und seine Lebewesen mit Nahrung zu versorgen, denn auf die Kulturen hat solch ein Mulch weniger Einfluss. Hier geht es vor allem um eine im Frühjahr und im Herbst durchgeführte Nahrungszufuhr für den Boden.

Schutz für den Boden und Nahrungszufuhr für seine Bewohner

Im Frühling und im Herbst sind die Regenwürmer besonders aktiv (siehe S. 35). Einen nicht eingesäten Boden in diesen beiden Jahreszeiten unbedeckt zu lassen, ist ein Unding für das Ökosystem des Bodens. Zu dieser Zeit, vor allem im Herbst, kann es zu sehr starken Regenfällen kommen und es ist äußerst wichtig, das Erosionsrisiko so weit wie möglich einzuschränken. Erreicht wird das, indem möglichst viel Fläche, einschließlich der Gartenwege, gemulcht wird.

Heu, frischer Grasschnitt und Rasenschnitt
Die am besten geeigneten Materialien sind die, die von den Regenwürmern bevorzugt werden: zart und leicht verdaulich. Sie müssen dünn ausgebracht und eventuell nach einigen Wochen erneuert werden.

Besonders zu empfehlen für Aussaaten in Lehmböden

Auf Lehmböden bildet sich an der Oberfläche eine sogenannte Regenkruste*, die durch auf den Boden prasselnde Tropfen entsteht. Die sehr feinen Partikel des Lehmbodens haben den Nachteil, dass sie beim Trocknen eine feste Kruste bilden, die zwar nur wenige Millimeter dick ist, aber dafür so fest, dass gerade gekeimte, junge Pflänzchen sie nur schwer durchstoßen können. In dieser Art Boden ist Säen immer schwierig. Eine leichte Mulchschicht verhindert eine solche Krustenbildung. Natürlich darf sie nicht zu dick sein und die jungen Pflänzchen nicht erdrücken. Eine gute Lösung ist Rasenschnitt, der ein paar Tage angewelkt ist. Die Lage muss ganz dünn sein – höchstens 1 bis 2 cm – und direkt nach dem Säen auf die Erde gestreut werden.

Beispiel Frühlingssalate

10 cm

Das Ausbringen von Mulch zwischen den ersten Frühlingssalaten ist sehr einfach.

1 Zuerst hacken. Das geht schnell, weil das Gras noch keine Zeit gehabt hat zu wachsen. Manchmal ist Hacken noch nicht einmal erforderlich, wenn Sie den Mulch direkt nach dem Pikieren der Salate auf einer soeben bearbeiteten Parzelle aufbringen.

2 Mulch aufbringen. Eine Kiste Stroh reicht für eine Reihe Salat.

3 Auch wenn dieser Mulch nur kurzfristig liegen bleibt, können die Salate das Wasser nutzen, das sich über den Winter im Boden gesammelt hat. Auch Beikrautzupfen erübrigt sich hier völlig.

Beispiel Zuckerschoten

2 cm

Der Frühling ist die ideale Jahreszeit für Nährmulche, die nur kurze Zeit liegen bleiben. Der Frühling, aber auch der Herbst sind schließlich die beiden entscheidenden Zeiträume für Würmer.

Würmer auf Nahrungssuche

Regenwürmern Nahrung zukommen zu lassen ist im Frühling sehr nützlich. Sobald sich der Boden erwärmt, kommen sie nämlich an die Oberfläche und suchen Nahrung. Man kann sich vorstellen, wie enttäuscht sie sind, wenn sie nichts zu futtern finden! Ist nichts da, verlassen sie ihre Gänge und ziehen mehrere Hundert Meter weiter, bis sie eine fruchtbarere Parzelle finden. Wenn der Gärtner aber so klug war, den Boden mit ein paar Gräsern abzudecken, ziehen die Würmer sie in ihre Gänge und bleiben schön brav in seinem Gemüsegarten.

Große Mengen frischer Grasschnitt

Nutzen Sie zum Beispiel den Freiraum zwischen zwei Reihen Zuckerschoten und bringen Sie dort Nährmulch auf.

1 Im Frühling finden Sie überall frisches Gras: Schneiden Sie einfach mit der Gartenschere oder mit der Sense das Gras, das rund um den Gemüsegarten wächst.

2 Die Regenwürmer sind ganz verrückt danach.

3 In dieser Jahreszeit braucht der Boden noch keine dicke Mulchdecke gegen die Hitze. Nutzen Sie die Zeit, um die Regenwürmer mit Nahrung zu versorgen: Legen Sie ruhig mehrmals eine dünne Schicht nach. Drei oder vier Monate später, wenn Sie das Stroh der Zuckerschoten entfernen, werden Sie sehen, dass das gesamte Gras verschwunden ist.

4 Die ersten Grashalme sind übrigens schon nach wenigen Tagen im Boden verschwunden.

1

2

3

4

Die Kulturdauer von Radieschen ist zu kurz zum Mulchen

Was nicht gemulcht wird

Wie soll man in einem Buch, in dem es um die Vorteile des Mulchens geht, über Kulturen ohne Mulchen reden? Gar nicht so einfach ... Aber es gibt eben immer Ausnahmen von der Regel. Keine Sorge, es sind nicht viele. Hier die wichtigsten, auf die wir auf den folgenden Seiten etwas näher eingehen wollen:

- bei einigen sehr kurzen Kulturen lohnt sich das Mulchen nicht (Mulchen nimmt ja doch einige Zeit in Anspruch ...);
- bei einigen direkt ins Beet gesäten Kulturen kann manchmal erst nach mehreren Wochen gemulcht werden (Beispiel Möhren);
- Zwiebeln, Schalotten und Knoblauch vertragen Feuchtigkeit schlecht, in gewissen Fällen sollte man besser nicht mulchen;
- Sommeraussaaten gedeihen besser im Schatten als unter einer Mulchdecke;
- nach dem Pikieren von Kürbisgewächsen braucht die Pflanze zehn Tage lang einen ungemulchten Boden;
- Lehmböden schließlich bekommt es besser, wenn sie im Winter ohne eine Mulchdecke offen dem Frost ausgesetzt sind.

Radieschen nicht mulchen

Manche Radieschenarten wachsen so schnell, dass man sie kurz nach einem eventuellen Mulchen schon wieder ernten würde.
Wenn Ihr Boden allerdings eine sehr feine Struktur aufweist, können Sie direkt nach der Aussaat ganz dünn mulchen, damit sich keine Regenkruste bildet.

Wie ich meine Karotten mulche

Karotten bleiben viel länger im Boden als Radieschen, deshalb ist eine Mulchdecke im richtigen Moment hier günstig. Allerdings nicht direkt zu Anfang. Sie wachsen ja sehr langsam und sind erst nach einem Monat so groß, dass man sie mulchen kann. Damit sie im Sommer nicht zu sehr unter der Trockenheit leiden, säe ich sie immer in zwei dichten Reihen mit 20 bis 25 cm Abstand und einer ausgeprägten Rinne dazwischen, sodass ich sie gut wässern kann. Die Rinne mulche ich nicht, sondern nur die Außenseiten der zwei Reihen.

Karotten erst mulchen, wenn sie etwa 10 cm hoch sind

Nicht nur Karotten
Auch bei anderen Kulturen ist es besser, ein bisschen mit dem Mulchen zu warten: Dies gilt vor allem für Gemüsesorten, die angehäufelt werden müssen wie Kartoffeln oder Bohnen.

Karotten säe ich in zwei dichten parallelen Reihen

Zwiebelgewächse mulchen oder nicht?

Zwiebeln, Schalotten und Knoblauch sind sehr anfällig für gewisse Pilzerkrankungen, die sich in Bodennähe entwickeln. In Regionen mit feuchtem Klima (See- oder Bergklima) und bei Lehmböden kann es sinnvoller sein, nicht zu mulchen, denn die Decke hält den Boden kontinuierlich feucht, was die Ausbreitung von Krankheiten begünstigt. In meinem Fall – ich lebe in einem Mittelmeerklima mit wenig Niederschlägen und trockenem Wetter ab Juni – mulche ich die Zwiebeln, pflanze sie aber leicht erhöht.

Zwiebeln pflanze ich leicht erhöht

Schneckenfalle und Mulchen

Das Auspflanzen von jungen Kürbisgewächsen (Zucchini, Kürbisse, Gurken) im Frühling ist immer eine heikle Angelegenheit, da die Schnecken schon angriffsbereit sind. Sobald die Pflanzen gut angewachsen sind, ist die Gefahr vorbei, denn der Stiel hat sich verhärtet und ist bei den meisten Arten sogar noch mit kleinen Stacheln besetzt. Aber in den ersten Tagen nach dem Auspflanzen ist er noch anfällig und kann innerhalb kürzester Zeit einer Schnecke zum Opfer fallen. Ich warte also ca. zehn Tage, bevor ich mit dem Mulchen beginne, und streue in der Zwischenzeit rund um die Pflänzchen jene berühmten Aschefallen aus, die so lange funktionieren, wie die Asche trocken ist.

Sommeraussaaten: lieber Schatten als Mulchdecke

Seit ich Karotten neusäen musste, weil sie vergeilt waren, „beschatte" ich alle meine Aussaaten im Sommer. Mitten im Juli säen ist sehr schwierig: Man müsste eigentlich mehrmals täglich gießen. Ich hatte vor ein paar Jahren eine Karottenaussaat mit einigen Zentimetern Heu abgedeckt und wollte es wieder entfernen, sobald die Karotten keimten, damit sie mehr Platz hatten. Sie haben schneller als vermutet gekeimt und als ich den Mulch abgenommen habe, waren sie alle vergeilt, das heißt, durch die Mulchschicht waren nicht die Stängel gewachsen, sondern die Wurzeln ... Wenn man Karotten und anderen Pflänzchen Schatten bietet, keimen sie ohne zu vergeilen. Eine zweckmäßige Lösung für alles, was mitten im Sommer ausgesät wird, sind umgedrehte Steigen: für Karotten, Herbst- und Wintersalate, Meerrettich etc.

Vor dem Mulchen von Kürbispflänzchen sollte eine Schneckenbarriere angelegt werden, bis die Pflanze etwas kräftiger geworden ist

Unter umgedrehten Steigen bleibt die Erde länger feucht

Lehmböden brauchen Frost!

Man spricht von Lehmböden, wenn sie mehr als 30 % Lehm bzw. Ton enthalten. Es sind reiche Böden, da sie Düngemittel und Wasser gut speichern. Die Bearbeitung ist allerdings schwierig: In feuchtem Zustand sind sie zu weich, in trockenem zu hart. Um die Bearbeitung zu erleichtern, sollte man sie im Herbst grob umgraben und in großen Brocken liegen lassen. Sie fallen dann im Winter nach und nach auseinander. Wie geschieht das? Ganz einfach durch den Frost. Die Wechselwirkung von Nässe, Frost und Auftauen lässt die Erdbrocken allmählich auseinanderbrechen, und im Frühling brauchen Sie nur noch mit dem Krail durchgehen und fertig! Mulchen empfiehlt sich also auf diesen Böden im Winter nicht, da es die Frostwirkung einschränkt.

Lehmböden im Winter nicht mulchen, damit der Frost wirken kann

Anhang

- Glossar
- Bezugsquellen
- Weiterführende Internetadressen
- Register

Glossar

Adventivwurzeln
Sprossbürtige Wurzeln, das heißt Wurzeln, die am Fuß des Tomatenstängels wachsen und deren Hauptaufgabe die Versorgung der Pflanze mit Nährstoffen ist. Gewöhnlich nutzt man diese besondere Fähigkeit der Tomaten und setzt den Stängel beim Pflanzen mehrere Zentimeter tief in die Erde. Dadurch entwickelt sich ein kräftigeres Wurzelwerk.

Beikraut
Andere Bezeichnung für „Unkraut". „Bei" bedeutet, dass es sich um Pflanzen handelt, die die Hauptkultur begleiten, und dass eine gewisse Menge toleriert werden kann, wenn sie die Hauptkultur nicht bedroht (wenn sie zum Beispiel nicht zu viel Wasser, Nährstoffe oder Licht verbraucht).

Cellulose
Zuckerkomplex; zusammen mit den Ligninen bildet er die Wände der Pflanzenzellen. Von der Masse her Hauptbestandteil der Strohhalme.

Destruenten
Gesamtheit der Bodenlebewesen, die sich von pflanzlichen und tierischen Stoffen ernähren. Destruenten sind im Kohlenstoff-Kreislauf unerlässlich: Sie setzen einen Teil als Kohlendioxid frei, der von den Pflanzen wieder verwendet wird, und lagern den anderen Teil im Humus ab.

Erosion
Unter Erosion versteht man die Abtragung und Verfrachtung von Bodenmaterial durch Wasser oder Wind. Übermäßige Erosion ist unbedingt zu vermeiden, da die Neubildung von 2 mm Oberboden rund 250 bis 500 Jahre in Anspruch nimmt.

Evapotranspiration
Übergang des Wassers von den Wurzeln in die oberen Pflanzenteile, wobei der Austritt in Form von Wasserdampf an den Stomata* an der Blattunterseite stattfindet.

Humus
Gesamtheit von sehr zersetzungsresistenten kohlenstoffhaltigen Molekülen. Diese Moleküle werden im Boden in Folge der Verrottung frischer organischer Materie gebildet, vor allem pflanzlicher Zellen. Eine der wichtigsten Vorstufen des Humus ist das Lignin*, ein Bestandteil der Zellwände.

Kalium
Eines der wichtigsten chemischen Elemente, die für das Pflanzenwachstum erforderlich sind. Es ist durch Auswaschung des Muttergesteins im Boden vorhanden, wird aber auch durch Dünger und organische Bodenverbesserer eingebracht. Es spielt eine wichtige Rolle für die Blütenbildung.

Krümelige Erde
Ideale Beschaffenheit für eine Gartenerde. Sie weist etwa 50 Vol.-% Luftkapazität auf, die abwechselnd mit Luft und Wasser angefüllt ist (nach Niederschlag oder reichlichem Gießen).

Lehmiger Boden
Boden mit hohem Schluff*anteil (über 40 %) (Lehmboden).

Lignine
Lignine sind wie auch Cellulose* große Moleküle, aus denen die pflanzlichen Zellwände, vor allem die der holzigen Pflanzen, bestehen. Sie sind verrottungsfest. In der Natur werden sie hauptsächlich von mikroskopischen Pilzen zersetzt.

Mineralisierung
Mineralisierung ist die Zersetzung der organischen Materie (Übergang vom Organischen ins Mineralische). Sie wird von Mikroorganismen durchgeführt, die die produzierte Energie und die entstandenen Moleküle für ihre eigene Entwicklung nutzen.

Mykorrhiza
Bodenpilze, die mit den meisten Pflanzen eine Symbiose (Mykorrhiza) eingehen und dadurch die Ernährung der Pflanzen (Phosphor, Wasser etc.) im Austausch gegen die durch Fotosynthese entstandene Energie verbessern.

Nützlinge
Für den Garten nützliche Tiere, vor allem gewisse Insekten und natürliche Feinde von Kulturschädlingen. Beispiele: Marienkäfer, die Läuse verspeisen, und Laufkäfer, die Schnecken fressen.

Phosphor
Eines der wichtigsten chemischen Elemente, das für das Pflanzenwachstum erforderlich ist. Es ist durch Auswaschung des Muttergesteins im Boden vorhanden, wird aber auch durch Dünger und organische Bodenverbesserer eingebracht.

Pilzkrankheit
Eine Pilzkrankheit ist eine Krankheit, die durch das Eindringen von mikroskopisch kleinen Pilzen in das Gewebe der Pflanze entsteht, wie zum Beispiel der Falsche Mehltau.

Regenkruste
Kruste, die sich nach dem Regen an der Bodenoberfläche bildet. Diese Kruste entsteht auf Lehmböden*, da die feinsten Partikel nach oben geschwemmt werden.

Rhizom
Unterirdischer Stiel von mehrjährigen Pflanzen.

Schluff (auch Silt)
Mineralische Bodenpartikel mit einer Größe zwischen 2 und 50 µm. Man unterscheidet hierbei grobkörnig (von 20 bis 50 µm) und feinkörnig (von 2 bis 20 µm).

Stickstoffhunger
Phänomen, das sich infolge einer massiven Zufuhr an kohlenstoffreicher organischer Materie in den Boden ereignet (zum Beispiel bei Stroh): Die im Boden lebenden Mikroorganismen entnehmen dem Boden den mineralischen Stickstoff, um die organische Materie zu zersetzen, was den vorhandenen Pflanzen den nötigen Stickstoff entzieht.

Stoma
Ein Stoma (Pl. Stomata) ist eine kleine Öffnung auf der Blattunterseite. Hier finden der Gasaustausch zwischen der Pflanze und der Luft und vor allem auch die Transpiration* statt.

Streuschicht
Anhäufung von organischen Rückständen an der Bodenoberfläche: Laub, dürre Äste, Tierausscheidungen und -kadaver.

Transpiration
Phänomen, bei dem der Nahrungssaft von den Wurzeln bis in die oberen Pflanzenteile transportiert wird.

Bezugsquellen

- **Gartengeräte, Mulchmaterialien, Vliese, Folien, Steinplatten etc.**

in Baumärkten, im Gartenfachhandel

- **Stroh- und Heuballen**

bei Landwirten (www.landwirt.com), im Gartenfachhandel

- **Gartengeräte, Werkzeuge, Vliese**

http://www.manufactum.de/garten-gartenpflanzen-c172792/

- **Mulchmaterialien, Rindenmulch**

http://www.gartenshop.at/substrate/rindenprodukte/index.php

- **Erde, Mulchmaterialien**

http://www.reterra.de/ret/sonderseiten/home/

- **„NaturMulch"**

http://www.naturmulch.at/mulchmaterial-und-garten-dekor/index.html

- **Gartengeräte, Pflanzen**

http://www.meingartenshop.at/index.php?/Online-Gartnerei

- **Vliese, Mulchfolien**

http://www.gartenvlies.de/

- **Vliese, Folien**

http://www.noor.eu/

- **Biologisch abbaubare Mulchfolien**

http://www.biofolien.at/index.php

- **Kompostierbare Mulchfolien**

http://www.prodana.de/kompostierbare-Mulchfolie

- **Kakaoschalen**

http://www.agrostim.de/produkte/duenger/kakaoschalen

- **Geotextilvlies**

http://www.geotextilvlies.de/
http://www.lanz-going.com/geotextil-geokunstoffe.html
http://www.natursteine-kohler.de

- **Hanfvliese**

http://www.raumprobe.de/material/bioformtex/vernadeltes-hanfvlies-warenstaerke-5mm/datenblatt/
http://www.obermuehle.at/Hanfprodukte.htm

Weiterführende Internetadressen

Richtig mulchen
http://www.biogaertner.at/tipps/allgemene-tipps/113-richtig-mulchen

Mulchen kurz erklärt
http://www.oscorna.de/gartenwissen_mulchen.html

Verein Natur im Garten über Mulchen
http://www.naturimgarten.at/mulchen

Tipps zum Mulchen
http://www.mein-schoener-garten.de/de/gartenpraxis/

Das Mulch-Gartenjahr
http://www.manufactum.de/offene-beetflaechen-mulchen-c-2626/

Garten-Blog
http://gartenblog.baldur-garten.de/2013/04/mulchen-schutz-fur-boden-und-pflanzen/

Mulchen als Schutzmaßnahme
http://www.nachhaltigleben.ch/themen/garten/gemuesegarten/mulchen-im-eigenen-garten-schuetzt-vor-trockenheit-2736

Rindenmulch
http://www.garteninfo-blog.de/rindenmulch-2/rindenmulch-kombiniert-mit-mulchfolie-ausbringen.html

Register

Aus unserem Programm

www.stocker-verlag.com

ISBN: 978-3-7020-1505-3

ISBN: 978-3-7020-1585-5

ISBN: 978-3-7020-1471-1

ISBN: 978-3-7020-1451-3

ISBN: 978-3-7020-1513-8

ISBN: 978-3-7020-1351-6

Aus unserem Programm

www.stocker-verlag.com

ISBN: 978-3-7020-1193-2

ISBN: 978-3-7020-1037-9

ISBN: 978-3-7020-1307-3

ISBN: 978-3-7020-1353-0

ISBN: 978-3-7020-1263-2

ISBN: 978-3-7020-1453-7